에라토스테네스가 들려주는 지구 이야기

에라토스테네스가 들려주는 지구 이야기

ⓒ 송은영, 2010

초 판 1쇄 발행일 | 2005년 9월 29일
개정판 1쇄 발행일 | 2010년 9월 1일
개정판 12쇄 발행일 | 2021년 5월 28일

지은이 | 송은영
펴낸이 | 정은영
펴낸곳 | (주)자음과모음

출판등록 | 2001년 11월 28일 제2001-000259호
주   소 | 04047 서울시 마포구 양화로6길 49
전   화 | 편집부 (02)324-2347, 경영지원부 (02)325-6047
팩   스 | 편집부 (02)324-2348, 경영지원부 (02)2648-1311
e-mail | jamoteen@jamobook.com

ISBN 978-89-544-2051-8 (44400)

내 나이는? 둘레는? 똑바로 앉아!

에라토스테네스가 들려주는

지구 이야기

| 송은영 지음 |

㈜자음과모음

에라토스테네스를 꿈꾸는
청소년을 위한 '지구' 이야기

　지구는 우리 인간이 태어나고 자란 곳입니다. 그런 곳이니만큼, 섣불리 잘 안다고 생각하기가 쉽습니다. 그러나 실제로는 아는 것이 거의 없다고 해도 과언이 아니지요.

　이 책은 지구에 대한 내용을 다루고 있습니다.

　첫 번째 수업에서는 우주의 탄생에서 시작해 지구가 어떻게 탄생하였고, 생명체가 어떻게 지구에 자리를 틀게 되었는가를 소개합니다. 두 번째 수업에서는 지구 나이는 몇 살쯤이나 되고, 그걸 어떤 방법으로 알아냈는가를 설명합니다. 세 번째 수업에서는 지구의 운동으로 생기는 시간에 대해서 이야기합니다. 네 번째 수업에서는 에라토스테네스가 지구의 크기를 알아낸 방법에 대해서 소상하게 소개합니다. 다섯 번째 수업에서는 지구의 구체적인 형태에 대해서 설명합니다. 지구는 완벽한 공 모양이 아니란 사실을 알게 될 것입니다. 여섯 번째 수업에서는 지구로 쏟아져 내려오는 자외선에 대해서 생각해 봅니다. 자외선은 무엇이고, 자외선 차단제의 역할은 무엇인지에 대해서 설명합니다. 일곱 번째 수업에서는 지진파를 통해서 지구 내부를 탐사합니다. 여덟 번째 수업에서는 지진이 일어나는 근원에 대해서 알아봅니다. 아홉 번째 수업에서는 지구와 환경 오염에 대해서 살펴봅니다. 마지막 수업에서는 생태계를 설명하면서, 지구와 인간이 아름다운 공존적 삶을 영위하는 길을 찾아봅니다.

여러분이 지구에 대해 새로운 지식을 얻게 된다면, 저에겐 최고의 기쁨일 것입니다. 늘 빚진 마음이 들도록 한결같이 저를 지켜봐 주시는 여러분과 이 책이 나오는 소중한 기쁨을 함께 나누고 싶습니다. 책을 예쁘게 만들어 준 (주)자음과모음 식구들에게 감사합니다.

송 은 영

차례

1

지구와 **생명체**의 탄생

우주와 지구는 어떻게 태어났을까요?
또한 지구상에 생명체와 인류가 모습을 보인 것은 언제부터인지 알아봅시다.

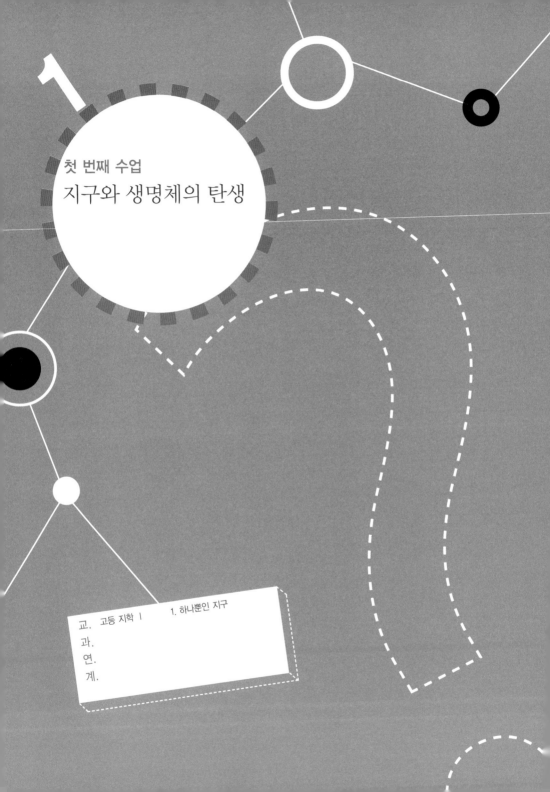

1

첫 번째 수업
지구와 생명체의 탄생

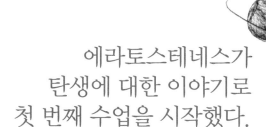

에라토스테네스가
탄생에 대한 이야기로
첫 번째 수업을 시작했다.

우주 속 지구의 탄생

우리가 지구에 대해서 이렇게 이야기하고 배울 수 있는 것
은 우리의 탄생이 있었기 때문입니다. 우주의 탄생, 지구의
탄생, 인류의 탄생이 없었다면 지금 우리가 지구에 대해서
논의하는 게 무슨 의미가 있을까요?

이런 의미에서 첫 번째 이야기는 지구의 탄생을 설명하는
것에서부터 시작하겠습니다.

__ 네, 선생님.

'쾅!'

지금으로부터 150억~200억 년 전에 거대한 폭발이 있었습니다. 이 폭발을 가리켜서 빅뱅(Big Bang)이라고 합니다. 빅뱅은 대폭발이란 뜻이지요.

대폭발은 우주가 탄생한다는 신호였습니다. 엄마 배 속에 있던 아기가 세상으로 나올 때 우렁찬 울음을 터뜨리는 것처럼 말이죠.

그리고 100억 년쯤 후, 가스와 물질이 뭉치면서 태양계가 만들어지고 그 속에서 지구가 탄생했습니다. 지구 탄생 초창기에는 여러 공기들이 지구 대기를 휘감고 있었는데, 산소나 질소와 같이 현재 우리가 흔히 마시는 공기는 아니었습니다.

수증기, 수소, 이산화탄소, 암모니아, 메탄 같은 기체였지요. 이러한 공기를 옛날 옛적의 공기라는 뜻으로 원시 대기라고 부릅니다. 그러니까 지구 초창기 시절에는 원시 대기가 지구의 대기를 가득 채우고 있었던 겁니다.

과학자의 비밀노트

빅뱅(Big Bang)

빅뱅은 대폭발 이론이라고도 부르며 천문학 또는 물리학에서, 우주의 처음을 설명하는 우주론 모형이다. 이 이론은 매우 높은 에너지를 가진 작은 물질과 공간이 거대한 폭발을 통해 우주가 되었다고 보는 것이다.

폭발에 앞서 오늘날 우주에 존재하는 모든 물질과 에너지는 작은 점에 갇혀 있었다. 그런데 폭발 순간 그 작은 점으로부터 물질과 에너지가 폭발하여 서로에게서 멀어지기 시작했고, 이렇게 생긴 물질과 에너지가 은하계와 은하계 내부의 천체들을 형성하게 되었다는 것이다.

지구에 생명체 탄생

원시 대기는 숨을 쉬기가 어려운 공기입니다. 따라서 그런 환경에선 생명체가 탄생할 수 없었습니다.

그런데 시간이 흐르면서 다행스러운 현상이 일어났습니다. 암모니아, 메탄, 수소로 가득한 지구 대기에 전기 방전이 일어난 것입니다.

"찌릿, 찌릿!"

전기 방전은 끝났나 싶으면 이어지고 또 이어졌습니다. 이러한 자연 현상은 화학 반응을 일으키며 원시 대기를 새로운 기체로 바꾸어 주었습니다. 산소와 질소가 마침내 등장한 것

에너지야 남아돌지 뭐.

우르릉~

내가 누구냐고? 바로 최초의 원시 생명체지!

코아세르베이트

입니다. 그러면서 번개가 만들어지고, 비가 내렸습니다.

"쏴악, 쏴악!"

비는 힘차게 쏟아졌습니다. 산소와 물은 생명체가 탄생하는 데 더없이 중요한 요소입니다. 여기에 에너지만 더해지면 생명체가 탄생하지요.

당시의 지구는 화산과 번개, 태양열이 어지럽게 얽혀 있었습니다. 즉, 에너지 걱정은 할 필요가 없었지요. 물이 풍부한 바다에서는 아미노산이 성장했고, 최초의 원시 생명체인 코아세르베이트(coacervate)가 탄생했습니다. 또한 코아세르베이트는 시간이 갈수록 종수가 늘었고 구조도 복잡해졌습니다.

그 후 산소의 일부가 오존으로 바뀌면서 오존층이 형성되

었습니다. 이러한 오존층은 바다 생물이 육지로 올라올 수 있는 기틀을 마련해 주었습니다. 그 이전에는 생물에게 치명적인 광선인 자외선 때문에 불가능했지요. 그것을 막지 못하는 한 산소가 아무리 많아도 지상에서 생명체가 살아갈 수 없었기 때문입니다. 그런데 오존층이 생겨서 유해한 자외선이 내려오는 것을 막아 준 겁니다. 생명체가 살 수 있는 환경이 마련된 것이죠.

자외선에 대한 좀 더 자세한 내용은 여섯 번째 수업을 참고하세요.

밀러의 실험

1936년, 러시아의 과학자 오파린(Aleksandr Oparin, 1894~1980)은 '생명 탄생 이론'을 발표했습니다.

"바다에 녹아 있던 유기물이 혼합돼 코아세르베이트가 탄생했고, 그것이 단세포 생물로 자랐습니다."

우리가 앞에서 배운, 지구에 생명체가 탄생하는 과정은 바로 오파린의 상상에 따른 겁니다.

하지만 오파린의 생명 탄생 이론은 가설일 뿐이었습니다. 확인이 필요했지요. 1953년, 미국의 과학자 밀러(Stanley Miller, 1930~2007)는 오파린의 가설을 검증하기 위해 다음의 방식으로 실험을 해 보았습니다.

(1) 플라스크를 진공으로 만든다.
(2) 완전히 살균한 물과 수소, 메탄, 암모니아를 플라스크에 넣는다.
(3) 물과 수소, 메탄, 암모니아가 든 플라스크에 고전압을 흘려 전기 방전이 일어나게 한다.

원시 대기 상태를 만들어 놓고, 그러한 상태에서 오파린의 말처럼 정말 생명체가 탄생할 수 있는지를 확인하려고 한 것

입니다.

　1주일 후 탁하고 검붉은 액이 플라스크에 생겼습니다. 그의 실체는 아미노산이었습니다. 즉, 오파린의 생각이 옳았던 것입니다.

지질 시대

　지구에 최초의 암석이 생긴 것은 38억 년 전입니다. 그때부터 현재까지를 지질 시대라고 부르지요. 급격한 지각 변동이 있거나 기후가 급변하면 생물계에 심각한 변화가 나타납니다. 중생대를 주름잡던 공룡이 갑자기 자취를 감춘 것처럼

말입니다.

그래서 지층과 화석이 갑작스럽게 바뀐 시기를 경계로 지질 시대를 나눕니다.

지질 시대는 생물의 흔적이 화석으로 확실하게 나타나느냐 그렇지 않느냐에 따라 은생 이언(선캄브리아대), 현생 이언으로 구분합니다.

은생 이언은 화석의 발견이 뚜렷하지 않은 시대로 38억 년 전부터 5억 7,000만 년 전까지의 시대입니다. 현생 이언에는 고생대, 중생대, 신생대가 속하지요. 이러한 현생 이언은 기간은 짧지만 각 시대를 대표하는 화석이 뚜렷하게 발견된답니다.

인류가 탄생하기까지

생명체가 살아가는 데 유리한 쪽으로 환경이 바뀌자, 다양한 생명체가 곳곳에서 모습을 드러냈습니다. 식물이 가장 먼저 태어났고, 그 뒤를 이어서 어류가 태어났습니다. 어류 다음으로는 양서류, 파충류, 조류가 차례로 모습을 보였습니다. 그리고는 마침내 포유류가 등장했습니다.

포유류는 의미 있는 생명체입니다. 지구 생명체 가운데 가장 우수한 종이 포유류이고, 그중에서도 최고라 할 수 있는 인간이 여기에 속해 있거든요.

인류는 다음처럼 진화해 왔습니다.

① 원인

1924년, 남아프리카에서 발견된 오스트랄로피테쿠스가 대표적이며, 두개골이 작고 키가 크지 않습니다. 이는 최초의 인류로, 200만~300만 년 전에 나타난 종입니다. 호모 하빌리스라고도 하며, 생김새뿐만 아니라 행동거지도 사람보다는 원숭이 쪽에 더 가까운 인류였답니다.

② 직립 원인

호모 에렉투스라고도 하며, 자바에서 발견된 자바 원인과 중국에서 발견된 베이징 원인이 대표적입니다. 100만~20만 년 전까지 살았으며, 불과 도구를 사용할 줄 알았습니다.

③ 구인

호모 사피엔스라고도 하며, 독일 뒤셀도르프의 동굴에서 발견된 네안데르탈인이 대표적입니다. 현대인과 유사한 골격 구조를 가졌으며, 15만~17만 년 전까지 살았습니다.

④ 신인

호모 사피엔스 사피엔스라고도 부르며, 프랑스의 크로마뇽 동굴에서 발견된 크로마뇽인이 대표적입니다. 현대인과 동일한 골격 구조를 가지고 있으며, 3만 5,000년 전에 출현했습니다. 현대인에 가장 근접한 인류이지요.

원인 → 직립 원인 → 구인 → 신인 → 현대인

선생님, 우리가 살고 있는 이 지구는 어떻게 생겨났나요?

그건 말이죠, 지금으로부터 150억 년에서 200억 년 사이에 '빅뱅(Big Bang)'이라는 거대한 폭발에서 탄생하게 되었죠.

포…폭발로요?

네, 그 후 100억 년쯤 지나 가스와 물질이 뭉치면서 태양계가 만들어지고 그 속에서 지구가 탄생하게 되었죠. 이때의 지구 대기는 수증기, 수소, 이산화탄소, 암모니아, 메탄 같은 '원시 대기'로 둘러싸여 있었죠.

수소
탄산가스
메탄
암모니아

그런 공기라면 생명체가 숨을 쉴 수가 없지 않나요?

그렇습니다. 하지만 시간이 흐르면서 다행스럽게도 지구 대기에 전기 방전이 일어나서 원시 대기를 새로운 기체로 바꾸어 주었습니다. 산소와 질소가 마침내 등장한 것이죠. 그러면서 번개가 만들어지고, 비가 내렸습니다.

우르릉쾅

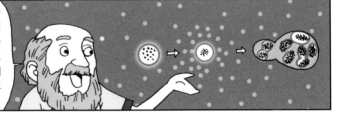

산소와 물에 에너지만 더해지면 생명체가 탄생합니다. 그 당시의 지구는 화산과 번개와 태양열이 어지럽게 얽혀 있어 에너지가 많았습니다. 결국 최초의 원시 생명체인 코아세르베이트(coacervate)가 탄생하게 되었고, 시간이 갈수록 종수가 늘었고 구조도 복잡해졌답니다.

와, 흥미진진한데요.

그 후 산소의 일부가 오존으로 바뀌면서 오존층이 형성되었고, 바다 생물이 육지로 올라올 수 있는 기틀이 마련되었습니다.

자외선
오존층

지구가 생명체가 살기에 유리한 쪽으로 환경이 바뀌자 식물이 가장 먼저 태어났고, 그 뒤를 이어서 어류가 태어났습니다. 그다음으로 양서류, 파충류, 조류, 포유류가 차례로 등장했죠. 그리고 지구 생명체 중 가장 우수한 인류가 태어나 진화를 거쳐 지금의 모습에 이르게 된 것입니다.

인류의 역사는 정말 오래되었군요.

2

지구의 나이

지구의 나이를 어떻게 알 수 있을까요?
지구 나이를 추정하는 방법에 대해서 알아봅시다.

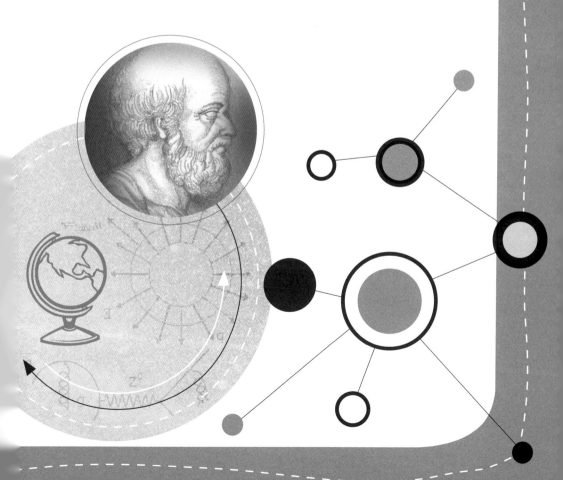

2

두 번째 수업

지구의 나이

에라토스테네스는
지구의 나이를 추정해 보자며
두 번째 수업을 시작했다.

핼리의 지구의 나이 추정

지구의 나이는 어떻게 측정할까요? 합리적이고 논리적인 눈으로 자연 현상을 바라보려고 하지 않았던 시절에는 지구의 나이를 이렇게 추정했습니다.

"성경에 적힌 여러 정황들로 꼼꼼히 추론해 보면, 지구의 나이는 대략 6,000살 전후인 듯싶습니다."

그러나 그 당시의 모든 사람들이 이런 생각에 동의한 것은 아니었습니다. 1570년경 프랑스의 팔리시(Bernard Palissy,

1510~1590)는 이렇게 생각했지요.

"지구는 비, 바람, 파도 등에 침식당하면서 서서히 변해 왔습니다. 그러한 과정이 아주 천천히 진행되었다는 걸 감안할 때, 6,000년이란 기간은 지구의 나이를 논하기엔 부족한 시간이 아닌가 합니다."

팔리시는 과학적인 근거를 제시하면서 지구의 나이를 추정하려는 시도를 한 것이었습니다. 하지만 안타깝게도 팔리시는 성경에 위배되는 말을 유포했다는 죄목으로 1589년 체포되어 감옥에서 죽고 말았습니다.

하지만 그렇게 입을 틀어막는다고 해서 진실에 대한 욕구를 영원히 잠재울 수는 없었습니다. 영국의 과학자 핼리 (Edmund Halley, 1656~1742)가 지구의 나이 문제에 뛰어든 것이었습니다.

과학자의 비밀노트

핼리(Edmund Halley, 1656~1742)
핼리는 핼리 혜성의 궤도를 계산해서, 핼리 혜성이 한 번 나타났다가 사라지는 게 아니라 76년을 주기로 나타난다는 사실을 예측한 과학자이다.

"팔리시의 예측이 거짓이 아니라면 지구가 현재의 모습을 갖추기까지 얼마의 시간이 걸렸을까?"

핼리는 생각했습니다. 그리고 핼리는 이 의문을 풀기 위해서 빗물과 강물을 이용했습니다. 즉, 바닷물이 짠 이유는 빗물과 강물이 육지의 소금기를 바다로 쓸어 갔기 때문이라는 것입니다. 따라서 바다에 녹아 있는 소금의 양과 빗물과 강물이 1년 동안 쓸어 가는 소금의 양을 계산하면, 지구의 나이를 구할 수 있을 것입니다.

기발한 생각입니다. 하지만 완벽하다고는 볼 수 없어요. 왜냐하면 바다에는 처음부터 어느 정도의 소금이 들어 있었을 수도 있기 때문입니다. 이뿐만이 아닙니다. 빗물과 강물이 매년 쓸어 가는 소금의 양이 항상 똑같다고 볼 수도 없습니다. 예를 들어, 비가 많이 내린 해에는 보다 많은 소금을 쓸어 갈 수 있을 테고, 가뭄이 든 해에는 그렇지 않을 수 있을 테니까요.

그럼에도 핼리의 지구의 나이 추정 시도는 높이 평가해 주어야 할 업적입니다. 지구의 나이를 연구하는 새로운 가능성을 활짝 열었을 뿐만 아니라, 학자들을 독려하는 데도 크나큰 도움을 주었기 때문입니다.

핼리에게 영향을 받은 어떤 학자는 퇴적물의 양을 계산해서 지구의 나이가 5억 년 이상일 거라고 추정하기도 했습니다. 하지만 핼리가 구한 지구의 나이는 10억 년 남짓이었습

핼리의 지구 나이 추정 시도는 지구의 나이를 연구하는 새로운 가능성을 활짝 열어 주었어요.

니다. 이제 지구의 나이는 팔리시 이전의 학자들이 추정한 것과는 비교하기조차 어려운 수로 불어나게 되었습니다.

절대 연대 측정

지구의 나이 추정 방법은 20세기에 들어와서 급신장하였는데, 그 바탕에는 방사성 원소가 있었습니다.

자연은 안정한 상태를 선호합니다. 불안정한 상태의 원소(무거운 원자핵은 대개가 불안정함)는 붕괴해서 안정한 원소가 되려고 하지요. 이것이 방사성 원소가 방사선을 방출하는 이유입니다. 이러한 방사성 원소는 다음과 같은 묘한 특성을 갖고 있습니다.

방사성 원소는 어떠한 변화에도 절대 영향을 받지 않고 붕괴한다.

사고 실험을 하겠습니다. 사고 실험은 머릿속 생각 실험입니다. 실험 기기를 이용하는 실험이 아니라, 우리의 머리를 십분 사용해서 결론을 멋지게 유도해 내는 상상 실험이지요. 창의력과 사고력을 쑥쑥 키워 주는 창조적 실험인 겁니다.

사고 실험을 시작하겠습니다.

방사성 원소는 어떠한 변화에도 영향을 받지 않고 붕괴해요.

온도가 높고 압력이 낮아도 늘 동일하게 붕괴하는 거예요.

핼리의 추정에서 아쉬운 점이 무엇이었지요?

빗물과 강물이 쓸어 가는 소금의 양이 일정하지 않다는 거였어요.

어떤 때는 소금을 많이 쓸어 가고, 또 어떤 때는 적게 쓸어 가는 거

였어요.

그러니 정확도가 떨어질 수밖에요.

반면, 방사성 원소는 어때요?

늘 일정하게 붕괴하니 그런 걱정을 할 필요가 없어요.

방사성 원소의 붕괴를 이용하면 상당한 정확도를 가진 예측이 가능한 거예요.

그렇습니다. 어떤 물질에 포함된 방사성 원소의 붕괴를 이용하면 지질학적 연대를 정확히 가늠할 수가 있습니다. 원래 있던 양에서 현재 있는 양을 빼면, 그 차이만큼 시간이 흘렀다는 걸 알 수 있을 테니까요. 이런 방법으로 연대를 측정하는 것을 절대 연대 측정법이라고 합니다.

반감기
방사성 원소의 붕괴를 이용해서 연대를 추정하려면 반드시

알아야 할 것이 있습니다. 바로 방사성 원소가 붕괴하는 비율입니다. 즉, 방사성 원소가 붕괴하는 데 걸리는 시간을 알아야 한다는 겁니다. 이때 즐겨 사용하는 것이 반감기입니다.

반감기는 방사성 원소가 절반으로 붕괴하기까지 걸리는 시간입니다. 그러니까 10kg의 방사성 원소가 5kg으로 줄어들 때까지 걸리는 시간을 반감기라고 합니다.

같은 원소의 반감기는 항상 일정합니다. 즉 20kg이 10kg으로 감소하는 시간, 10kg이 5kg으로 감소하는 시간, 5kg이 2.5kg으로 감소하는 시간, 2.5kg이 1.25kg으로 감소하는 시간은 다르지 않지요.

하지만 원소가 달라지면 반감기도 달라집니다. 어떤 원소

의 반감기는 지구의 나이보다 길고, 어떤 원소의 반감기는 수십 분의 1초에 불과하기도 합니다. 몇몇 방사성 원소의 반감기를 적어 보면 다음과 같습니다.

방사성 원소	반감기
토륨 - 232	139억 년
우라늄 - 238	45억 년
우라늄 - 235	7억 년
탄소 - 14	5,600년
세슘 - 137	30년
라돈 - 215	100만 분의 1초

하나의 예를 통해 연대를 추정해 보겠습니다.

어떤 암석을 조사해 보니 우라늄 - 235가 1g 들어 있습니다. 이 암석이 생성될 당시에는 우라늄 - 235가 4g 있었다고 하면, 이 암석의 나이는 얼마나 될까요?

우라늄 - 235는 처음보다 $\frac{1}{4}$배 감소한 셈입니다. $\frac{1}{4}$배 감소하려면 반감기를 2번 거쳐야 합니다. 반감기를 1번 지날

동일 원소의 반감기는 항상 일정하지만 원소가 바뀌면 반감기도 달라집니다.

토륨 232	우라늄 238	우라늄 235	탄소 14	세슘 137	라돈 215
139억 년	45억 년	7억 년	5,600년	30년	100만 분의 1초

여러 방사성 원소들의 반감기

때마다 양은 절반씩 줄어드니까요.

우라늄-235의 반감기는 7억 년입니다. 즉, 7억 년이 2번 지났으므로 암석의 나이는 14억 살입니다.

우라늄-235의 반감기는 7억 년입니다. 7억 년이 2번 지났으므로 암석의 나이는 14억 날이 되는 겁니다.

이것이 방사능 측정기

운석을 통한 지구의 나이 추정

지구의 나이는 45억 살 전후입니다. 이걸 어떻게 해서 알아냈을까요?

여기서 사고 실험을 하겠습니다.

방사성 원소는 일정하게 붕괴해요.

이 특성을 이용해서 연도를 추정하면 좋을 거예요.

그런데 문제가 있어요.

어떤 물질을 고르느냐는 거예요.

지구가 탄생한 이후에 생긴 물질은 제외할 수밖에 없어요.

그걸로는 지구 나이에 접근할 수가 없으니까요.

지구와 엇비슷한 시기에 만들어진 물질이면 적당할 거예요.

지구와 엇비슷한 시기에 만들어진 게 뭐가 있을까?

물론 지구보다 먼저 태어난 물질도 상관없어요.

그러나 지구에선 이러한 물질을 찾기가 어려워요.

지구에 있는 공기, 암석, 물 등은

모두 지구가 탄생한 지 한참 후에 생성된 것들이거든요.

하지만 지구에서 찾을 수 없다고 포기해선 안 될 거예요.

지구 밖으로 눈을 돌리면 되니까요.

지구 밖이라면 우선 떠올릴 수 있는 곳이 태양계예요.

태양계가 어떻게 생성되었죠?

우리는 첫 번째 수업에서 태양계와 지구의 탄생을 살펴보았습니다. 그때 이렇게 말했지요. 태양계 내에 존재하는 가스와 물질이 뭉치면서 태양계가 만들어지고, 그 속에서 지구가 탄생했다고 말이죠.

사고 실험을 이어 가겠습니다.

태양계가 만들어지고, 그 속에서 지구가 탄생했다면

태양계 속 물질은 지구보다 나이가 적지는 않을 거예요.

비슷하거나 조금 많을 거예요.

그렇다면 태양계 속 물질을 이용하면 되겠지요.

태양계 속 물질 가운데 쉽게 구할 수 있는 게 뭐가 있을까요?

별똥별이 있어요. 흔히 운석이라고 하는 것 말이에요.

다른 천체들을 얻으려면 지구 중력을 넘어서 우주로 나가야 해요.

달 암석을 채집하려면 달까지 가야 하잖아요.

그런데 별똥별은 그럴 필요가 없어요. 지구 상공으로 수시로 떨어지니까요.

그러니 별똥별에 남아 있는 방사성 원소의 양이 얼마로 줄었는지를 측정하면 지구 나이를 어림잡을 수 있을 거예요.

운석이 중요한 의미를 갖는 건, 태양계의 기원에 깊숙이 관여하고 있기 때문입니다. 지구가 모습을 갖추어 갈 즈음, 운석도 함께 만들어졌지요. 이렇게 운석을 통해서 추정한 지구 나이는 45억 살 전후였답니다.

선생님의 지구 탄생에 관한 이론은 잘 들었는데, 그럼 지구는 대체 몇 살이나 됐을까요?

그야 나보다 많지 않겠어요?

하하하, 농담입니다. 지구의 나이는 45억 살 전후라고 알려져 있어요.

헉, 그렇게나 많아요? 음…, 그런데 그건 어떻게 알 수 있었을까요?

방사성 원소는 일정하게 붕괴하는데, 이 특성을 적용해서 연도를 추정할 수 있죠. 그런데 지구와 비슷한 시기나 이전에 만들어진 물질 중 과연 어떤 물질을 측정했을까요?

글쎄요. 지구 안에서 구하기 쉽지 않은 물건 아니었을까요?

약 45억 날

그렇겠죠? 전에 말했듯이 태양계 내에 존재하는 가스와 물질이 뭉치면서 태양계가 만들어지고, 그 속에서 지구가 탄생했습니다. 그러니 태양계 속 물질은 지구보다 나이가 적지는 않을 거예요. 아마 비슷하거나 조금 많겠죠.

아, 그러면 되겠네요. 하지만 태양계 속 물질을 어떻게 구하지요?

우리는 나이가 비슷해.

쉽게 구할 수 있는 물질이 있죠. 우주로 나가지 않아도 별별별(운석)은 지구 상공으로 수시로 떨어지니까요. 그러니 별똥별에 남아 있는 방사성의 양이 얼마로 줄었는지를 측정하면 지구 나이를 어림잡을 수 있을 거예요.

와, 운석이 그런 중요한 의미를 갖고 있었군요.

그래요 운석은 태양계의 기원에 깊숙이 관여하고 있기 때문에 아주 중요한 의미를 가지고 있답니다.

3

365일과 달력
그리고 윤달과 윤년

1년은 누가 정했을까요?
그리고 윤달과 윤년은 왜 필요할까요?

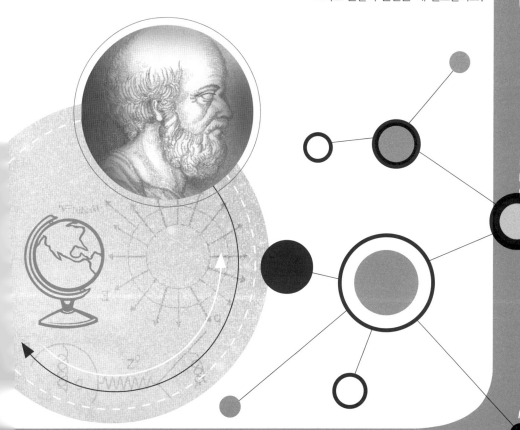

3

365일과 달력
그리고 윤달과 윤년

에라토스테네스가 1년은
어떻게 정해졌는지에 대한 이야기로
세 번째 수업을 시작했다.

시리우스와 365일

　지구의 나이를 정확히 가늠하려면 시간의 명확한 나눔이
있어야 합니다. 따라서 이번 수업에선 인간이 1년을 어떻게
정하게 되었고, 그 오차를 줄이려고 어떤 노력을 어떻게 해
왔는지에 대해 살펴보겠습니다.

　4,000~5,000년 전, 큰 강을 따라서 도시 문명이 발달하기
시작했습니다. 그중 하나가 나일 강 유역의 이집트 문명이었
습니다. 이집트에선 해마다 겪는 고충이 있었습니다. 매년

똑같은 시기에 나일 강이 범람하는 것이었습니다.

나일 강이 넘치는 걸 막을 수는 없었지만, 예측만 할 수 있어도 홍수 피해를 상당히 줄일 수 있을 터였습니다. 그래서 그들은 방법을 찾는 데 몰두했고, 해결책으로 찾아낸 것은 시리우스라는 별이었습니다.

시리우스는 큰개자리에 속하는 별로서, 지구에서 볼 수 있는 가장 밝은 별 가운데 하나입니다. 시리우스는 나일 강이 넘치는 시기가 되면 예외 없이 나타났습니다. 즉, 시리우스의 출현과 나일 강의 범람 시기가 얼추 맞아 떨어진 것이었습니다.

이집트 인들은 그 기간을 재어 보고는 365일이라는 걸 알아냈고, 그 기간을 1년으로 정해서 사용했지요. 이렇게 해서

어, 시리우스가
또 나타났네….

1년은 365일이 되었답니다.

율리우스력, 그레고리력

태양력이 만들어진 2,000~3,000년 후, 로마의 황제 율리우스 카이사르가 이집트를 방문했습니다. 시저(카이사르)는 이집트인이 태양력을 사용하고 있다는 사실에 충격을 받았습니다. 로마력이 세계 최고의 달력이라고 믿어 의심치 않았는데, 더 우수한 달력을 사용하고 있는 민족이 있었으니 놀란 것도 무리는 아니었습니다.

로마력은 1년을 10달로 나눈, 1년이 304일인 달력이었습

니다. 시저는 로마로 돌아오자마자 로마력 수정 작업에 들어
갔고 기원전 45년에 정교한 달력을 내놓게 되었는데, 이것이
시저의 이름을 딴 율리우스력입니다. 율리우스력은 1년을
365일로 나누고, 4년마다 하루를 보충했습니다.

하지만 율리우스력도 완벽한 것은 아니었습니다. 오랜 세
월이 지나자 춘분일이 실제와 어긋나는 것이었습니다. 이건
실로 심각한 문제가 아닐 수 없었습니다. 기독교에서 가장
뜻깊은 날 중의 하나인 부활절은 춘분을 기준으로 정하는데,
춘분이 일정치 못하니 골칫거리가 아닐 수 없었던 겁니다.
따라서 율리우스력보다 더욱 정밀한 달력이 꼭 필요할 수밖
에 없었지요.

시저 사망 후 1,600여 년이 지난 뒤, 교황 그레고리우스 13

세가 저명한 천문학자들을 불러놓고 명했습니다.

"세계인이 공통으로 사용할 수 있는 최고로 정교한 달력을 만들어 주시오."

이렇게 해서 선보인 달력이 그레고리력입니다. 오늘날 쓰고 있는 달력도 그레고리력에 기초하고 있지요.

그러나 그레고리력도 완벽한 달력은 아니랍니다. 수정할 부분이 있지만, 많은 국가가 오랫동안 사용해 온 까닭에 그냥 이용하고 있는 것일 뿐입니다. 몇 년에 한 번, 몇백 년에 한 번씩 날짜를 약간 수정해 주는 식으로 보완하면서 말입니다.

이것이 바로 윤년과 윤달이 생겨난 이유입니다.

교황
그레고리우스 13세

윤년과 윤달

2004년은 태음력으로 생일을 치르는 사람 가운데 2월생이 생일을 2번이나 맞는 해였습니다. 윤달이 들어 있는 까닭이었습니다.

어디 그뿐인가요? 윤달 덕에 설 연휴도 평년보다 한참이나 앞당겨져서 양력 1월에 설 연휴를 맞는 해이기도 했습니다. 그리고 2004년은 윤년이기도 해서, 양력으로 2월 29일생은 4년마다 찾아오는 생일을 오랜만에 맞는 해이기도 했습니다.

1년을 정하는 방법은 태양을 기준으로 하는 것과 달을 기준으로 하는 2가지가 있습니다.

태양을 기준으로 1년을 12달로 나눈 달력이 태양력이지요. 지구가 태양 둘레를 1바퀴 공전하는 데는 365.2422일이 걸립니다. 이 기간을 365.25일로 반올림하고, 12달로 나누면 30.44일이 된답니다. 그래서 12달 중 짝수 달을 30일, 홀수 달을 31일로 정하면, 1년은 366일이 됩니다. 여기서 하루를 빼면 365일이 되는데, 하루를 빼는 달을 2월로 정해서 2월은 29일이 됩니다. 그런데 2월은 29일이 아니라 28일지요. 이렇게 된 것은 로마의 황제 아우구스투스가 자신의 생일이 든 8월을 30일에서 31일로 고치는 바람에 하루가 더 늘게 돼 2월에서 하루를 더 뺐기 때문이랍니다.

이제 소수점 아래의 시간인 0.2422를 계산해야 합니다. 그래야 보다 정확한 달력이 될 테니까요.

사고 실험을 하겠습니다.

0.2422일을 0.25일이라고 해 봐요.

0.25일이 하루가 되려면 4번 더해야 해요.

4년이 지나면, 하루가 늘어난다는 뜻이에요.

그러니 4년마다 한 번씩 하루를 더해 주면,

지구 공전 주기와 얼추 맞을 거예요.

4년마다 한 번씩 하루를 더해 주는 것, 이것이 윤년이지요.

사고 실험을 이어 가겠습니다.

0.2422와 0.25는 분명히 차이가 나요.

정말 정확한 달력을 만들려면 이 차이까지 보충해 주어야 해요.

0.2422와 0.25의 차이는 0.0078이에요.

0.0078은 작은 수예요.

그러나 시간이 지나면, 이것도 무시 못 하는 수가 돼요.

작은 시간이지만, 시간이 쌓이고 쌓이면 하루가 넘을 거란 말이에요.

100년이 흐르면, 0.0078은 0.78이 돼요.

하루에 가까워지는 시간이에요.

130년이 지나면, 마침내 하루를 넘어요.

그리고 400년이 지나면 3.12가 돼요.

3일을 조금 넘어서는 거예요.

그러니 더욱 정확한 달력을 만들려면 어떻게 해야 될까요?

400년마다 3일 조금 넘는 시간이 늘어나니, 그만큼을 빼 주면 될 거예요.

윤년은 4년마다 한 번씩 하루를 더해 주는 겁니다. 그래서 이런 식이라면 400년에 하루를 100번 넣어 주어야 하지요. 그렇지만 0.0078의 차이가 있어서 무 자르듯 그렇게 잘라 버릴 수가 없답니다. 0.0078이 조금씩 불어나서 어느덧 생기는 3일이라는 시간을 빼 주어야 하기 때문입니다. 따라서 400년마다 100번이 아닌 하루를 97번 넣어 주는 것으로 1년을

보정해 주는 것입니다.

　달을 기준으로 날짜를 정하는 것이 태음력입니다. 즉, 초승달에서 보름달을 거쳐 그믐달로 변하는 달의 위상 변화를 1달로 삼은 달력이 태음력인 것입니다. 달이 지구를 1바퀴 공전하는 데는 29.53일이 걸립니다.

　사고 실험을 하겠습니다.

29.53일을 1달로 생각해 보아요.

홀수 달은 29일, 짝수 달은 30일로 정하면 1달 평균과 비슷해요.

29.53일을 12번 곱하면 354.36일이 돼요.

태음력에선 1년 12달이 354.36일이란 말이지요.

태음력의 12달 354.36일은 태양력의 12달 365.25일보다 짧아요.

음력과 태양력의 12달은 10.89일 차이가 나는구나!

365.25일과 354.36일의 차이는 10.89일이에요.

11일가량 차이가 나는 거예요.

11일은 3년이 지나면 33일이 돼요.

얼추 30일이 되는 거예요.

3년이 지날 때마다,

태음력은 태양력과 비교해서 1달가량의 차이가 생기는 거예요.

그러니 이만큼의 기간을 보정해 주어야 할 거예요.

그렇게 해야 태양력과 태음력이 얼추 맞아떨어질 거예요.

태음력에 3년에 1번씩 1달을 넣어 주는 이유예요.

3년에 1번씩 1달을 넣어 주는 것을 윤달이라고 합니다.

그러나 3년이 지나면 정확하게 30일이 차이가 나는 게 아니잖아요. 그래서 19년에 7번 윤달을 넣어 준답니다. 400년에 97번 윤년을 두는 것처럼 말이에요. 만약에 태음력에 윤달을 넣지 않고 17, 18여 년이 지나게 되면, 계절이 뒤집혀서 오뉴월에 눈이 내리고, 12월에 무더위가 찾아오게 된답니다.

만화로 본문 읽기

앗, 올해엔 윤년이 있네. 그런데 누가 이런 윤년이나 윤달을 만든 걸까? 헷갈리게….

그건 실제 천체의 움직임과 달력의 오차를 보정하기 위해 만든 것이지요. 음, 처음 달력은 이집트 문명에서 나일 강의 범람 시기를 알기 위해 1년을 365일로 나누면서 만들어졌답니다.

그 후 로마 황제 카이사르는 1년을 365일로 나누고, 4년마다 하루를 보충하는 '율리우스력'을 만들게 되죠. 그 후 더욱 정밀한 '그레고리력'이 나오게 됩니다. 하지만 이것도 몇 년에서 몇백 년에 1번씩 날짜를 약간 수정해 주는 식으로 보완해야만 했죠. 이것이 바로 윤년과 윤달이 생겨난 이유죠.

그럼 그런 차이는 왜 생긴 거죠?

율리우스력 *춘분일이 실제와 다름

그레고리력 *이것도 완벽하지 않음

1년은 태양과 달을 기준으로 정할 수 있습니다. 우선 태양을 기준으로 하는 태양력은 1년을 12달로 나누고 지구가 태양 둘레를 1바퀴 공전하는 데 걸리는 시간인 365.2422일을 365.25일로 간주하여 짝수 달은 30일, 홀수 달은 31일로 정한 것이죠.

그런데 365.2422일인 공전 주기를 365로 하면 실제와 차이가 나지 않을까요?

맞아요. 그래서 0.2422일 만큼을 더해야 하니까 4년마다 하루를 더하고 이것을 '윤년'이라고 하지요. 하지만 또 차이가 생기므로 400년마다 3일을 빼서 1년을 보정하여 좀 더 정확한 달력이 만들어지게 되는 것입니다.

그럼 달을 기준으로 하는 태음력은 어떨까요? 달의 공전 주기인 29.53일을 1달로 생각해 보면 홀수 달은 29일, 짝수 달은 30일로 정해서 1달 평균과 비슷하게 만들 수 있죠.

하지만 달의 공전 주기 29.53일을 12번 곱하면 354.36이 되니까 태양력의 12달보다 짧아지잖아요.

맞아요. 11일가량의 차이가 나죠. 이 11일은 3년이 지날 때마다 1달가량의 날을 더해서 보정해 주고, 이것을 '윤달'이라고 하는 것이죠.

아, 그래서 윤년과 윤달이 생긴 거로군요.

에헴

1달추가

4

지구의 모양과 둘레

지구의 모양은 둥근가요, 평평한가요?
과연 지구의 둘레는 어떻게 구했을까요?

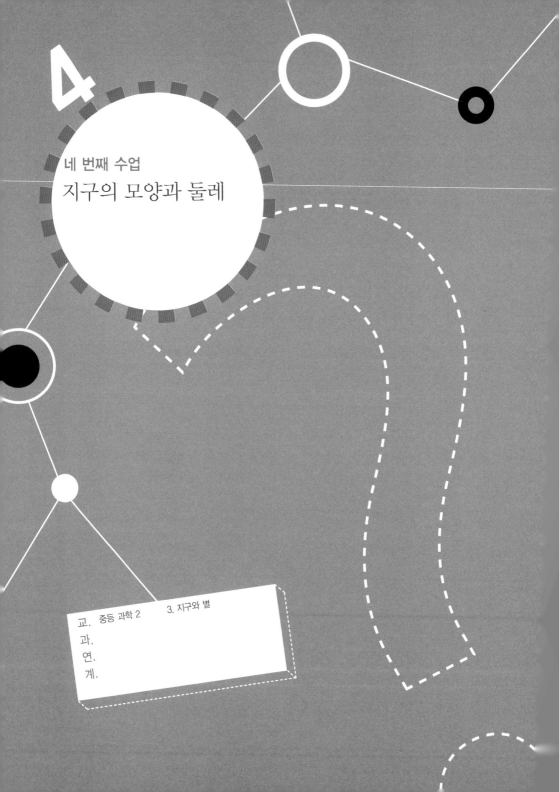

4

네 번째 수업

지구의 모양과 둘레

에라토스테네스는 드디어 자신의
이야기를 할 수 있게 됐다며
네 번째 수업을 시작했다.

시에네와 알렉산드리아의 그림자 길이

마침내 내 활약상을 이야기할 때가 되었군요. 때와 장소는
고대 알렉산드리아였습니다. 나는 무세이온의 관장으로 재
직하고 있었습니다. 무세이온(Museion)은 프톨레마이오스 2
세(Ptolemaeos Ⅱ, B.C.308~B.C.246)가 기원전 3세기 초에 설
립한 왕실 부속 연구소로서, 각지에서 초청된 학자들이 이곳
에서 자연 과학과 문헌학을 연구 · 강의하였습니다. 즉, 오늘
날의 종합 대형 박물관이라고 보면 될 겁니다.

당시 나는 해와 그림자 길이에 대해 깊은 관심을 가졌지요.

해가 떠요.

햇살을 받으면 그림자가 생겨요.

그림자는 해가 비스듬히 있을수록 길어요.

해가 중천으로 떠오를수록 그림자가 짧아지는 거예요.

　이것은 그냥 지나쳐 버리기 쉬운 평범한 현상 가운데 하나
입니다. 그러나 진리의 심오함은 바로 이런 데서 시작한다는
것을 나는 잘 알고 있었습니다. 나는 다른 지방에서도 이와
같은 현상이 일어날 것인가에 대해 의문을 가졌어요.
　이것을 알아보기 위해 나는 위도가 다른 두 지역을 선택했

습니다. 한 곳은 지금의 아스완 지
방에 해당하는 시에네이고, 다른
한 곳은 알렉산드리아였습니다.
즉, 시에네의 위도는 알렉산드리
아보다 낮습니다. 즉, 시에네가 알
렉산드리아보다 남쪽에 위치해 있는
겁니다.

나는 시에네와 알렉산드리아에 같
은 길이의 막대기를 세워 놓고, 그림자의 길이를 측정해 보
았습니다. 물론, 같은 시각에 측정했지요. 그런데 결과가 달
랐습니다. 두 지방에서 잰 그림자의 길이가 달랐던 것입니
다. 그렇다면 시에네에서 잰 그림자의 길이와 알렉산드리아
에서 잰 그림자의 길이는 왜 다른 걸까요?

지구는 둥글다

앞 의문의 실타래는 지구와 태양 사이의 거리를 고려하는
것에서부터 풀어 나가도록 하겠습니다.

사고 실험을 하겠습니다.

지구와 태양 사이의 거리는 상당히 멀어요.

한두 걸음으로 다가갈 수 있는 거리가 아니에요.

맞습니다. 지구와 태양 사이의 거리는 1억 5,000만 km입니다. 1초에 30만 km를 달리는 빛으로도 8분 20여 초를 쉼없이 내달려야 하는 거리이지요.

사고 실험을 이어 가겠습니다.

지구와 태양 사이가 가깝다면,

지구에 도달하는 햇살은 상당히 퍼진 모양일 거예요.

방사상 형태로 말이에요.

지구에 닿는 햇살이 퍼진다면,

위도가 다른 두 지방의 그림자가 달라지는 건 당연해요.

햇살과 막대기가 이루는 각도가 다르니까요.

지구의 모양과도 상관없어요.

하지만 지구와 태양 사이는 가깝지가 않아요.

그래서 햇살은 지구에 거의 평행하게 도달한다고 보아도 무방한 거예요.

여기서 지구의 형태를 생각해 보겠습니다. 요즘이야 지구

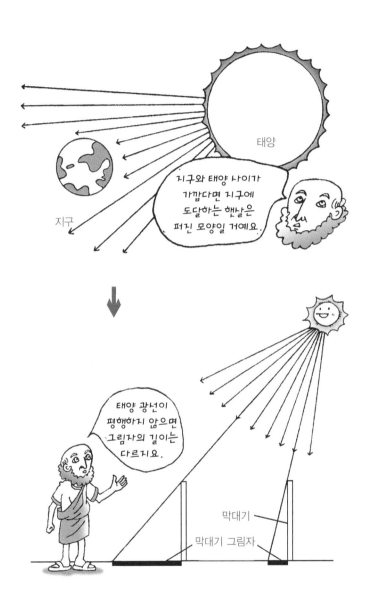

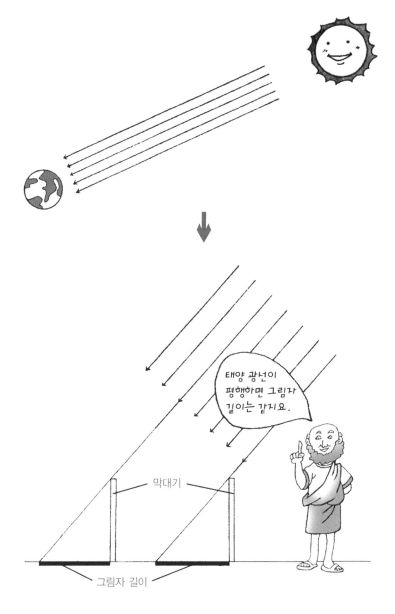

의 생김새를 놓고 왈가왈부하는 사람이 없습니다. 지구 상공에 떠 있는 인공위성이 의심의 여지 없이 지구 사진을 찍어서 보내 주기 때문입니다.

하지만 내가 살던 시대에는 그렇지가 않았습니다. 대부분의 사람이 지구가 둥글다는 확신을 하고 있지 못한 상황이었지요. 그래서 지구의 모양에 대해서 이러쿵저러쿵 말들이 많았답니다. 어떤 이들은 평평하다고 하고, 또 어떤 이들은 반원 형태라고도 했습니다.

사고 실험을 계속하겠습니다.

지구가 평평하다고 가정해 보아요.

태양에서 나온 햇살은 지구에 평행하게 도달한다고 했어요.

그렇다면 위도상으로 아래쪽에 있든 위쪽에 있든,

햇살과 막대기가 이루는 각도는 어느 곳이나 같아요.

그런데 위도가 다른 시에네와 알렉산드리아에서 몇 번에 걸쳐

재어 본 결과는 그렇지가 않았어요.

그림자 길이는 분명히 차이가 있었어요.

뭐가 잘못된 걸까요?

저는 2가지 가정을 했었어요.

하나는 지구가 평평하다는 것이었고,

다른 하나는 햇살이 평행하게 날아온다는 것이었어요.

그중 햇살이 지구에 평행하게 날아온다는 것은 검증된 사실이에요.

지구와 태양 사이의 거리가 멀다는 사실로부터 말이에요.

그렇다면 지구가 평평하다는 가정이 틀린 거예요.

지구는 평평한 게 아니었어요.

둥근 거예요.

따라서 그림자의 길이가 다르다는 사실에서 출발한 의문의 꼬리가 일단 정착한 곳은 지구의 모양이었습니다. 나는 지구가 둥글다는 걸 알아낸 것이었습니다.

시에네와 알렉산드리아의 그림자 길이가 다르다. → 지구는 둥글다.

지구의 둘레 계산

나는 지구가 둥글다는 걸 알아낸 데서 그치지 않고, 이것을 지구의 둘레를 가늠하는 데 이용했습니다.

사고 실험을 하겠습니다.

공은 둥글어요.

지구가 둥글다면, 공과 모양이 흡사할 거예요.

공의 둘레는 계산이 가능해요.

마찬가지로 지구의 둘레도 계산이 가능할 거예요.

나는 지구의 둘레를 알아내기로 마음먹고 한 남자를 고용했습니다. 나는 우선 그의 평균 보폭을 쟀습니다. 그리고 그

에게 시에네에서 알렉산드리아까지를 걷게 하고는 이렇게 일렀습니다.

"알렉산드리아까지 가는 데 내디딘 보폭의 수를 기억해 두시오."

그는 걷기를 마치고 돌아와서 보폭의 수를 말해 주었고, 나는 그의 평균 보폭과 내디딘 보폭의 수를 곱했습니다. 그랬더니 900km 남짓한 거리가 나왔습니다.

이것은 시에네에서 알렉산드리아까지의 거리가 약 900km 라는 것이지요. 그리고 시에네와 알렉산드리아의 위도는 대략 7° 차이가 납니다.

시에네와 알렉산드리아 사이의 거리 : 약 900km

시에네와 알렉산드리아의 위도 차이 : 7°

나는 이 두 결과를 이용해서 지구의 둘레를 계산했는데, 여기서 간단한 비례식을 만들 필요가 있답니다. 오른쪽 페이지의 그림을 보며 생각해 보겠습니다.

태양에서 나온 햇살은 지구에 평행하게 도달해요.

시에네(A)와 알렉산드리아(B)의 위도 차이는 7°예요.

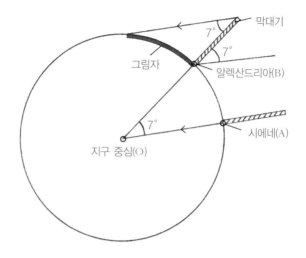

막대기

7°

7°

그림자

알렉산드리아(B)

시에네(A)

7°

지구 중심(O)

그러니까 호 AOB가 이루는 각도도 7°가 될 거예요.
동위각의 원리에 따라서 말이에요.

하나의 직선이 평행선을 지나면, 2개의 각이 생기는데,
이때 같은 위치에 있는 각을 동위각이라고 합니다. 그리고
두 동위각의 크기는 같은데, 이것을 동위각의 원리라고 한
답니다.
동위각의 원리를 적용하면 다음과 같은 비례식이 만들어집
니다.

호 AOB의 중심각 : 원의 중심각 = 호 AB의 길이 : 원의 둘레

여기서 원의 둘레는 지구의 둘레가 될 거예요. 그리고 비례식의 각각에 대응하는 숫자를 살펴보면 호 AOB의 중심각은 7°, 원의 중심각은 360°, 호 AB의 길이는 900km입니다. 이들을 대입하면 비례식은 다음과 같습니다.

7° : 360° = 900km : **지구의 둘레**

안쪽에 있는 항끼리 곱하고, 바깥쪽에 있는 항끼리 곱한 결과가 같다는 것이 비례식의 성질을 이용해야 하지요. 이 성질에 따라서 비례식을 정리하고 계산해 보세요.

지구의 둘레 $\times$ 7° $= 360° \times 900km$

지구의 둘레 $= \dfrac{360° \times 900km}{7°}$

지구의 둘레 $\fallingdotseq 46,286km$

지구의 둘레가 46,286km라는 값이 나왔습니다. 이 값은 지구의 실제 평균 둘레인 40,200km와는 다소 차이가 있습니다. 그렇지만 막대기와 사람의 보폭만을 이용해서 이런 결과를 얻어 냈다는 것은, 실로 대단한 업적이 아닐 수 없습니다.

선생님께서 지구의 둘레를 재셨다고 들었는데, 어떻게 그런 큰 지구의 둘레를 잴 수가 있었습니까?

그건 지구가 둥글다는 생각에서 시작된 일이었죠. 햇빛을 받으면 그림자가 생기고, 지구가 평평하다면 어느 지역이든 같은 시각에는 그림자의 길이가 똑같아야 하죠.

하지만 위도가 다른 두 지역에서 몇 번에 걸쳐서 재 본 결과 그림자의 길이가 달랐어요. 그래서 결국 지구가 둥글다는 걸 알아낸 것이었죠. 거기서 그치지 않고 난 지구가 둥글다는 사실을 그 둘레를 가늠하는 데 이용했습니다.

어떤 식으로 말인가요?

우선 시에네에서 알렉산드리아까지의 거리는 900km가량이고, 위도는 7° 정도 차이가 납니다. 나는 이 두 결과를 이용해서 다음과 같이 지구의 둘레를 재었답니다.

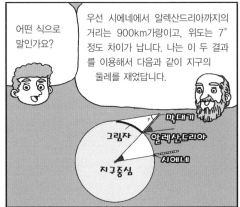

하나의 직선이 평행선을 지나면 두 개의 동위각이 생깁니다. 그림에서 동위각의 원리를 적용하면 '호 AOB가 이루는 각도 : 원의 각도 = 호 AB의 길이 : 원 둘레' 라는 비례식이 만들어집니다.

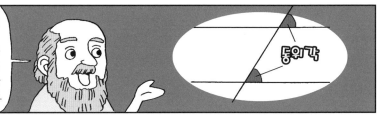

여기서 원의 둘레는 지구 둘레가 됩니다. 그리고 호 AOB가 이루는 각도는 7°, 원의 각도는 360°, 호 AB의 길이는 900km이니까 비례식을 풀면 46,286km라는 지구의 둘레를 구할 수 있는 것입니다.

$$7° : 360° = 900km : 지구\ 둘레$$
$$지구\ 둘레 \times 7° = 360° \times 900km$$
$$지구\ 둘레 = 360° \times 900km / 7°$$
$$지구\ 둘레 = 46286km$$

와~, 정말 대단한데요.

물론 내가 구한 이 값은 지구의 실제 평균 둘레와는 다소 차이가 있습니다. 하지만 막대기와 사람의 보폭만을 이용해서 이런 결과를 얻어 내었다는 것에 자부심을 느낍니다.

지구의 구체적인 형태

지구는 적도 부근이 약간 부풀어 있는 타원체라고 합니다.
구체적으로 얼마만큼 둥근 모양인지 알아보도록 합시다.

5

지구의 구체적인 형태

에라토스테네스가 지구가
완벽한 구는 아니라고 말하며
다섯 번째 수업을 시작했다.

지구 타원체

네 번째 수업에선 지구의 모양과 둘레에 대해서 살펴보았
습니다. 이번 수업에선 그와 관련해 좀 더 자세한 이야기를
할까 합니다.

지구가 둥글다는 건 이제 거역할 수 없는 진실이 되었습니
다. 하지만 완벽한 구형은 아니랍니다.

완벽한 구가 되려면 지표에서 지구의 중심까지의 거리가
어느 곳에서든 일정해야 하는데 실제로는 그렇지가 않습니다. 지구의 평균 적도 반지름은 6,378km, 평균 극 반지름은 6,357km이지요.

지구의 평균 적도 반지름 : 6,378km
지구의 평균 극 반지름 : 6,357km

지구 중심에서 적도까지의 거리가 지구 중심에서 극까지의 거리보다 약간 길답니다. 지구가 완벽하게 둥근 구(球)의 형태가 아니라, 적도 쪽이 다소 부풀어 오른 타원형의 모양을 하고 있는 이유입니다.

이런 모양을 지구 타원체라고 부르지요.

지구 타원체의 원인은?

지구는 왜 적도 쪽이 더 부풀어 있을까요? 이에 대해서 뉴턴(Isaac Newton, 1642~1727)은 이렇게 말했습니다.

"지구의 적도 쪽이 더 부푼 것은 자전 때문입니다."

뉴턴은 어떤 근거로 이런 주장을 한 걸까요?

사고 실험을 하겠습니다.

지구는 자전을 해요.

자전은 지구의 회전축을 중심으로 하루에 1바퀴씩 도는

원운동이에요.

놀이터에서 뱅뱅이를 타 보면 알 거예요.

뱅뱅이 중심에 서 있는 것보다 중심에서 멀어질수록 바깥으로

밀려나는 힘이 더 세다는 것을요.

마찬가지 이유예요.

지구도 회전축이 지나는 곳보다 회전축에서 멀어질수록

바깥으로 밀려나는 힘이 강해요.

이때 회전에 의해서 바깥쪽으로 밀려나는 힘을 원심력이라고 합니다.

사고 실험을 이어 가겠습니다.

지구의 회전축은 지구 중심에서 극지방 언저리로 관통하고 있어요.

그러니 극지방은 지구 회전으로 인해 튀어나올 리가 없어요.

반면, 적도 지방은 어떤가요?

지구 회전축에서 가장 먼 지역이에요.

그래서 지구 회전의 영향을 가장 많이 받을 수밖에 없어요.

적도 지역이 밖으로 둥글게 튀어나올 수밖에 없는 거예요.

이것이 지구 타원체가 되는 이유예요.

지구 타원체 검증

뉴턴은 지구 자전으로 인해서 생기는 원심력의 차이가 지구 타원체를 낳은 결정적 요인임을 지적했습니다.

뉴턴의 설명은 훌륭합니다. 그러나 검증되기 전까지는 가설일 뿐입니다. 검증은 거리를 재 보면 될 겁니다. 지구 중심에서 극까지의 거리와 적도까지의 거리를 재어서 두 거리가 똑같은지 아닌지, 어느 쪽이 더 긴지를 확인해 보면 되는 겁니다. 그래서 두 거리가 같다면 지구가 타원체라는 가설은

틀린 것일 테고, 적도까지의 거리가 더 길다면 뉴턴의 예측은 입증되는 겁니다.

＿그런데 지구의 중심까지 어떻게 들어가지요?

그렇습니다. 지구 중심에서 극과 적도까지의 거리를 재려면, 어떻게든 지구 중심까지 들어가야 하는데 그럴 수 있는 방법이 없는 겁니다. 그렇다면 어떤 해결책이 있을까요?

사고 실험을 하겠습니다.

지구본이 있어요.

지구본의 위도선을 보아요.

적도에서 위도 10°까지의 거리와 위도 10°에서 위도 20°까지의 간격이 어떻죠?

거리가 같은지 다른지를 묻는 거예요.

그래요, 거리가 달라요.

위도 10°에서 위도 20°까지의 거리가 적도에서 위도 10°까지의

거리보다 긴 거예요.

이런 현상은 고위도로 갈수록 더욱 뚜렷해져요.

이건 지구가 적도 쪽이 좀 더 부푼 지구 타원체이기 때문에

나타나는 현상이에요.

반면, 지구가 고르게 둥글면 어떨까요?

맞아요, 위도선의 거리가 같을 거예요.

적도에서 위도 10°까지의 거리나 위도 10°에서 위도 20°까지의

거리는 똑같을 거란 말이에요.

방법을 찾았습니다. 지구 중심까지 들어가지 않고도 뉴턴의 예측을 검증할 수 있는 방법을 찾은 겁니다.

1735년, 프랑스 학술원(Royal Academy of Science)은 이것을 검증하는 작업에 착수했습니다. 페루에서 출발해 핀란드의 라플란드까지 가면서 정밀하게 거리를 측정한 것이었습니다. 결과의 일부는 이러했습니다.

위도 1° 사이의 간격은 그다지 큰 차이는 아니지만, 저위도에서 고위도로 올라갈수록 호의 길이가 길어지고 있습니다.

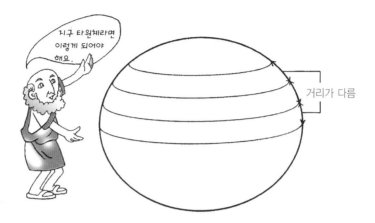

지구가 타원형일 때

지구가 구형일 때

위도(°)	호의 길이(km)
89~90	111.70
45~46	111.14
0~1	110.57

뉴턴의 예측이 옳다는 사실이 확인된 것이지요.

즉, 지구가 타원체임이 명백해진 것입니다.

과학자의 비밀노트

위도와 경도

위도는 적도를 기준으로 남과 북을 가로로 표시하는 도표로 적도가 0°이
다. 적도를 중심으로 북쪽으로 올라가면 북위, 남쪽으로 내려가면 남위라
고 표시한다. 따라서 북극은 북위 90°(N90°), 남극은 남위 90°(S90°)가
된다.

경도는 영국의 그리니치 천문대를 기준으로 동과 서를 세로로 표시하는
도표이다. 그리니치 천문대에서 오른쪽으로 가면 동경, 왼쪽으로 가면 서
경이라고 표시한다. 동경과 서경이 만나는 180° 지점이 날짜가 변경되는
선이다.

우리나라와 같은 위도에 있는 나라로는 일본, 중국, 미국 등이 있고,
같은 경도에 있는 나라로는 중국, 필리핀, 오스트레일리아 등이 있다.

지구의 편평도

지구의 생김새를 고려할 때, 약방의 감초처럼 등장하는 것이 편평도입니다. 편평도란 말 그대로 편평한 정도를 나타내는 값입니다. 편평도는 다음과 같이 정의합니다.

$$e = \frac{a-b}{a}$$

여기서 e는 편평도, a는 적도 반지름, b는 극 반지름입니다. 이때 편평도의 값이 클수록 지구는 납작해지고, 편평도의 값이 작을수록 둥글어집니다.

지구의 적도 반지름과 극 반지름은 다음과 같습니다.

적도 반지름 : 6,378km

극 반지름 : 6,357km

이 길이를 사용해서 지구의 편평도를 계산해 보겠습니다.

$$e = \frac{a-b}{a}$$

$$= \frac{6378-6357}{6378}$$

$$= \frac{21}{6378}$$

$$\fallingdotseq 0.0033$$

지구의 편평도는 크지 않아 거의 원이라고 보아도 무방합니다.

0.0033은 큰 수가 아닙니다. 지구 편평도가 이처럼 작다는 건, 적도 쪽이 그렇게 많이 부풀어 오른 건 아니라는 뜻입니다. 즉, 지구를 둥근 구라고 보아도 그리 문제될 게 없다는 말이지요.

여러분, 여기 있는 지구본과 실제 지구의 모양이 다르다는 것을 알고 있나요?

네? 지구와 지구본 모두 둥글지 않나요?

물론 지구는 둥글지만 완벽한 구는 아니랍니다. 완벽한 구가 되려면 지표에서 지구 중심까지의 거리가 어느 곳에서든 일정해야 하는데 실제는 그렇지가 않습니다. 지구의 평균 적도 반지름은 6,378km이고, 평균 극 반지름은 6,357km이니까요.

정말이요?

즉, 지구 중심에서 적도까지의 거리가 극까지의 거리보다 약간 길어 적도 쪽이 다소 부풀어 오른 타원형입니다. 이런 모양을 '지구 타원체'라고 부르지요.

그렇군요. 그렇게 된 이유가 있습니까?

뉴턴은 지구가 자전을 하면 회전축에서 멀어질수록 바깥으로 밀려나려는 힘이 강해서, 회전축에서 가장 먼 지역인 적도 지방이 둥글게 튀어나올 수밖에 없다고 말했죠.

물론 이 설명은 훌륭했지만 검증되기 전까지는 가설일 뿐이었죠. 즉, 지구 중심에서 극까지의 거리와 적도까지의 거리를 재어서 어느 쪽이 더 긴지를 확인해야 입증될 테니까요.

그럼 입증이 되었나요?

네. 1735년, 프랑스 학술원이 페루에서 출발해 핀란드의 라플란드까지 가면서 거리를 정밀하게 측정하였죠. 그 결과 저위도에서 고위도로 올라갈수록 호의 길이가 길어지고 있다는 것을 확인함으로써 뉴턴의 주장을 입증했죠.

지구로 내려오는 자외선

태양은 다양한 광선으로 이루어져 있습니다.
태양 광선의 역할과 우리에게 미치는 영향에 대해 알아봅시다.

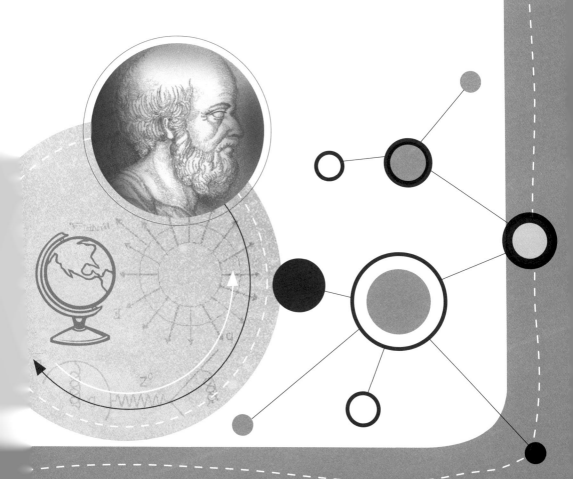

6

에라토스테네스는
자외선을 설명하기 위해
여섯 번째 수업을 시작했다.

자외선이란?

태양은 복사의 형태로 열을 방출합니다. 복사(輻射, radiation)
란 매개체의 도움을 받지 않고 사방으로 열이 이동하는 현상
입니다. 그래서 태양이 내뿜는 에너지를 태양 복사 에너지라
고 부르지요.

태양이 내뿜는 복사 에너지 가운데 지구가 받는 양은 고
작 20억 분의 1에 불과합니다. 그런데도 식물의 광합성, 동
물의 성장, 대류 현상, 해류 현상을 일으키는 데 부족함이

없으니 태양이 방출하는 에너지가 어느 정도인지 짐작할 수 있습니다.

태양은 다양한 광선으로 이루어져 있습니다. 눈으로 볼 수 있는 가시광선(빨주노초파남보의 7가지 색), 붉은색 바깥의 적외선(물체의 온도를 상승시키는 작용이 두드러져서 열선이라고도 함), 보라색 너머의 자외선(화학 작용이 강해서 화학선이라고도 함) 그리고 그 너머의 X선 등으로 이루어져 있어요.

이 가운데 자외선은 파장의 길이에 따라서 다시 세 종류로 나뉘는데, 파장 320~400nm의 빛을 자외선 A, 280~320nm의 빛을 자외선 B, 100~280nm의 빛을 자외선 C라고 합니다. 자외선은 영문 'Ultraviolet light'를 줄여서 UV라고 쓰는데, 자외선 A, B, C를 UV-A, UV-B, UV-C라고 표기하는 이유입니다.

그리고 자외선의 파장의 길이가 보라색에 가까우냐 그렇지 않느냐에 따라서 근자외선과 원자외선으로 구분하기도 하는데, 파장 290nm 이상이면 근자외선, 190nm 이하이면 원자외선이라고 부릅니다.

과학자의 비밀노트

나노미터(nm)

미터(m)는 길이나 거리의 국제 단위이다. 미터를 사용한 단위 중 나노미터(nm)는 빛의 파장을 나타내는 단위로 1나노미터는 1미터의 10억 분의 1, 즉 $1nm = 1 \times 10^{-9}m$이다. 우리가 흔히 사용하는 단위들의 관계를 살펴보면, 나노미터의 길이에 대해 더 쉽게 이해할 수 있을 것이다.

$$1km = 1 \times 10^{3}m$$
$$1cm = 1 \times 10^{-2}m \Rightarrow \frac{1}{1,000}\,km = 1m = 100cm = 1,000,000,000nm$$
$$1nm = 1 \times 10^{-9}m$$

자외선의 피해

자외선은 피부를 노화시킵니다. 피부 노화는 세월이 흐르면서 자연스레 나타나는 내인성 노화와 나이와는 상관없이 나타나는 외인성 노화로 나뉩니다. 외인성 노화는 흔히 겉늙어 보인다고 하는 것으로 햇볕 탓에 안면이나 피부가 거칠어지고 주름이 생기며 곳곳에 잡티가 생겨 나이보다 늙은 티가 나는 것을 이릅니다.

자외선은 피부암을 일으키기도 합니다. 유전자 본체인 DNA가 자외선을 만나면 유전 정보의 어긋난 전달을 야기해 세포 돌연변이를 유발합니다. 암은 일종의 세포 돌연변이로, DNA에 이상이 생겨서 발생하는 공포의 질병입니다. 정상

멜라닌은 백인이 가장 적고, 흑인이 가장 많이 갖고 있습니다.

세포는 어느 정도의 크기로 성장하면 증식을 멈추지만, 암세포는 DNA에 이상이 생긴 탓에 조절 기능을 상실해서 끊임없이 증식을 한답니다.

인종에 따라 피부의 탄력과 노화 속도는 다릅니다. 40대의 서양인은 50대의 동양인과 비슷할 정도로 빨리 노화하며, 피부암도 흔하게 나타납니다. 원인은 자외선을 차단해 주는 멜라닌의 많고 적음에 있는 것으로 알려져 있습니다. 백인은 멜라닌이 가장 적고, 흑인은 가장 많이 갖고 있답니다.

이 외에도 자외선은 녹내장과 백내장을 일으키고, 농산물의 수확을 감소시키며, 플랑크톤의 생육에 영향을 끼쳐 생태계 전반에 혼란을 가져옵니다.

자외선 차단

자외선은 인체뿐만 아니라 여러 생명체에도 매우 해롭습니다. 그러므로 이를 차단해야 합니다.

지표까지 내려오는 건 자외선 A와 B

태양이 방출하는 자외선 가운데 가장 해로운 건 파장이 가장 짧은 자외선 C입니다. 파장이 짧으면 진동을 많이 하고 많은 에너지를 발산하기 때문입니다. 그런데 다행스러운 건 자외선 C가 오존층에 흡수되어 지표까지 내려오지 못한다는 겁니다.

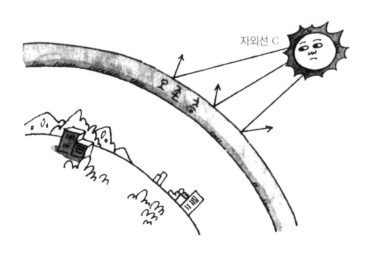

자외선 C

지상으로 내려오는 건 자외선 A와 B인데 가능한 피부에 닿지 않도록 하는 게 좋습니다.

따라서 햇살이 따가운 여름철에 자외선 차단제(선크림)를 바르고, 모자나 양산을 쓰고 선글라스를 끼는 것이 자외선을 차단하는 예방책이 될 겁니다. 겨울이라고 자외선이 없는 건 아닙니다. 스키장에서 고글을 착용하지 않고 장시간 있으면 눈에 반사된 자외선이 시각에 좋지 않은 영향을 줄 수 있으니 각별히 유념해야 합니다.

그러나 자외선 A와 B도 수증기나 매연 입자에 어느 정도는 차단이 된답니다. 자외선 수치를 측정해 보면 저지대보다는 고지대, 도심보다는 해안 지대에서 높게 나오는데 그게 다

이런 이유 때문이지요.

따라서 지구 대기와 미립자에 의해 작은 양이라도 자외선 차단이 이루어지지 않는다면, 지구 생명체는 지표에서 생활하기가 곤란할 것입니다.

자외선과 선글라스

자외선이 유리를 만나면, 유리 속 전자가 진동을 합니다. 둘은 천생연분이어서, 미약한 진동이 아니라 진한 진동을 하게 됩니다. 이것을 공명 진동이라고 하지요.

사랑하는 사람끼리는 오랫동안 같이 있고 싶어하지요. 유리 속 전자와 자외선도 마찬가지입니다. 한 번 만난 유리 속 전자와 자외선은 떨어지기를 원치 않습니다. 그래서 유리 속

전자는 자외선을 아예 흡수해 버리지요. 자외선이 유리를 뚫고 지나가려면, 전자의 당김으로부터 탈출해야 하는데 아예 흡수당해 버리니 유리를 통과하기가 어려울 수밖에요.

유리는 훌륭한 자외선 차단 물질입니다. 즉, 유리 렌즈 안경이나 선글라스는 자외선 걱정을 하지 않아도 된다는 말입니다. 그런데 선글라스의 렌즈로 유리 대신에 플라스틱을 사용한 것이 있습니다. 유리보다 가벼우니 쓰고 다니는 데는 그만큼 편할 겁니다. 그러나 플라스틱 렌즈가 마냥 좋은 것만은 아닙니다. 유리와는 달리, 플라스틱은 자외선을 차단하지 못하지요. 그래서 플라스틱 렌즈에는 자외선 흡수제를 넣는답니다.

그런데 플라스틱 렌즈가 진할수록 자외선 차단 효과가 크

다고 믿는 사람이 있는 것 같습니다. 이건 말도 안 되는 소리입니다. 플라스틱 렌즈의 자외선 차단율은 자외선 흡수제가 얼마나 많이 들어가 있느냐에 달려 있지, 렌즈의 색과는 관계가 없습니다. 따라서 진한 플라스틱 렌즈보다는 투명한 유리가 자외선 차단을 훌륭히 해낸다는 사실을 기억하세요.

렌즈를 진하게 코팅한 선글라스는 오히려 역효과를 유발할 수 있습니다. 어둡다 보니 더 많은 양의 빛을 받아들이기 위해서 자연스레 동공을 확장하게 되는데, 그러다 보면 평균 이상의 자외선이 눈으로 들어와서 낭패를 보게 된답니다.

자외선과 화장품

파운데이션에는 자외선을 반사해서 내보내는 차단제가 들어 있습니다. 그리고 선탠오일에는 자외선을 빛이나 열로 바꾸어서 방출하는 차단제가 들어 있습니다. 그래서 선탠오일을 바르고 일광욕을 하면 피부가 천천히 태워지는 것이랍니다.

참고로 자외선 A는 주름이나 기미 생김, 자외선 B는 피부 태움과 연관이 깊습니다.

자외선 차단제는 페인트나 도료에도 들어 있습니다. 페인트는 자외선을 받으면 색이 바래므로, 자외선 차단제를 섞으면 원래의 색을 오랫동안 지속할 수가 있답니다.

자외선 차단제가 들어 있는 화장품에는 SPF(Sun Protection Factor)와 PA(Protection Grade of UVA)가 적혀 있습니다. 이것은 피부를 자외선으로부터 얼마나 안전하게 보호해 주느냐를 표시하는 수치입니다.

SPF의 숫자를 보면 피부가 빨갛게 되기까지의 시간이 얼마나 늘어나는지를 알 수 있습니다. 예를 들어, 땡볕에서 5분이면 피부가 발갛게 익는 사람이 SPF25라고 적힌 화장품을 바르면, 125분(5분×25)까지는 심하게 타지 않고 태양 광선을 견딜 수가 있게 됩니다.

PA는 말 그대로, 자외선 A를 얼마나 잘 차단해 주느냐를 표시해 주는 등급으로, PA+++, PA++, PA+의 순으로 효과가 좋답니다.

자외선 차단율 계산

SPF 지수가 얼마만큼 자외선을 차단하는지 계산해 보겠습니다. SPF 지수와 자외선 차단율 사이에는 다음 관계가 성립합니다.

$$\text{자외선 차단율(\%)} = \frac{(SPF - 1) \times 100}{SPF}$$

이 공식을 이용해서 SPF 20의 자외선 차단율을 계산해 보면 다음과 같습니다.

$$\frac{(20-1) \times 100}{20} = 95(\%)$$

즉, SPF 20의 자외선 차단율은 95%가 되는 겁니다.
SPF 40의 자외선 차단율을 계산해 보면 다음과 같지요.

$$\frac{(40-1) \times 100}{40} = 97.5(\%)$$

즉, SPF 40의 자외선 차단율은 97.5%가 되는 겁니다.
SPF가 SPF 20에서 SPF 40이 되면 수치는 2배가 오릅니다.

그러나 자외선 차단율은 고작 2.5% 증가하는 데 그치고 있답니다.

즉, SPF 지수는 피부가 발갛게 익는 데까지 걸리는 시간을 연장시켜 주는 것뿐이지, 피부에 닿는 자외선의 농도를 떨어뜨려 주는 건 아니라는 사실을 잊지 마세요.

하하하, 바닷가에 오니 좋네요. 참, 놀기 전에 내가 개발한 자외선 차단제를 꼭 바르도록 하세요.

무슨 차단제요? 그건 왜 바르죠?

태양은 복사의 형태로 열을 방출합니다. 이 복사 에너지는 눈으로 볼 수 있는 가시광선과 적외선, 자외선, X선 등으로 이루어져 있어요.

눈에 보이지 않아도 여러 광선으로 이루어져 있네요.

이 가운데 자외선은 파장 길이에 따라서 다시 A, B, C의 3종류로 나뉩니다. 자외선을 영문 약자로 UV라고 쓰는데, 자외선 A, B, C를 UV-A, UV-B, UV-C라고 표기합니다.

그럼 이 자외선들이 나쁜 건가요?

UV-A : 파장 320~400나노미터
UV-B : 파장 280~320나노미터
UV-C : 파장 280나노미터 이하

네, 자외선은 피부를 노화시키고 피부암을 일으켜 사람들에게 피해를 주죠. 또 녹내장과 백내장을 일으키고, 농산물의 수확을 감소시키며, 플랑크톤의 생육에 영향을 끼쳐 생태계 전반에 혼란을 가져오기도 한답니다.

으으~, 정말 자외선은 무섭군요.

그러니 자외선 차단을 잘해야 해요. 하지만 다행인 것은 자외선 가운데 가장 해로운 자외선 C가 오존층에 흡수되어 지표까지 내려오지 못한다는 것이죠. 하지만 자외선 A와 B도 해로우니 가능한 피부에 닿지 않도록 하는 게 좋습니다.

어떻게요?

← 오존층

자외선 차단제를 바르고, 모자나 양산, 선글라스를 이용할 수 있습니다. 또 겨울에 스키장에선 고글을 착용하여 장시간 눈에 반사되는 자외선을 차단해 주는 것이 좋습니다.

네~, 잘 알겠습니다.

지진과 지구 내부

지진은 왜 일어났을까요?
지진파를 이용해서 지구 내부 구조를 조사한답니다.
지구 내부는 어떤 모습일까요?

7

지진과 지구 내부

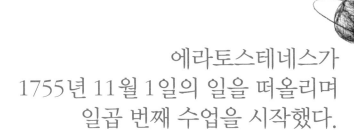

에라토스테네스가
1755년 11월 1일의 일을 떠올리며
일곱 번째 수업을 시작했다.

리스본의 대지진

1755년 11월 1일, 포르투갈의 리스본.

화창한 가을 아침답게 경쾌한 종소리가 울려 퍼졌습니다. 시민들은 예배를 드리기 위해서 성당으로 모였습니다. 그들이 기도를 하기 위해 무릎을 꿇었을 때, 불길한 조짐은 대서양의 밑바닥에서 이미 시작되고 있었습니다.

"쿠르릉!"

천둥소리처럼 낮은 굉음이 바닷가에서 들리는가 싶더니,

이내 성당 내부의 샹들리에가 심하게 흔들렸습니다.

"무슨 일이지?"

잠시 진동이 잦아드는 것 같았습니다. 그러나 그것은 곧 있을 대재앙의 숨 고르기일 뿐이었습니다. 곧바로 첫 번째 충격이 덮쳐 왔습니다. 성당이 붕괴되면서 내부에 있던 많은 시민들이 건물 더미에 그대로 깔렸습니다.

이어 두 번째 진동이 덮쳤습니다. 리스본 시내의 건물이 요동쳤고 벽에 금이 갔습니다. 벌어진 틈으로 돌이 쏟아져 들어왔고, 지붕의 서까래가 떨어져 내렸으며, 건물 상층부가 주저앉아 버렸습니다. 바로 앞 물체도 분간하기 어려울 정도로 먼지구름이 뿌옇게 일어 올랐습니다. 두 번째 충격이 끝난 후, 그나마 가옥의 형태를 띠고 있는 건물은 2만 채 중

3,000채뿐이었습니다.

　그래도 이건 강어귀의 저지대 지역에 비하면 나은 편이었습니다. 저지대에 있던 성당과 수도원, 창고와 상점, 궁전과 주택 등 건물이란 건물은 가공할 위력의 물살에 휩쓸려 흔적도 없이 사라져 버렸으니까요.

　첫 번째 진동 15분 후, 세 번째 진동이 이어졌습니다. 그 순간은 이렇게 기록되어 있습니다.

　"폭풍우가 내리칠 때 넘실거리는 파도처럼 리스본에 깔아 놓은 철로가 엿가락 휘듯이 휘어져 버렸습니다."

　고작 15분에 걸친 세 차례의 진동이 당시 유럽의 중요한 무역 항구 중 하나이자, 인구 27만 5,000명이 거주하던 대도시를 일순간에 날려 버린 것이었습니다.

지진파를 이용한 지구 내부 구조 조사

지진의 원인을 살피려면, 우선 지구 내부 구조를 알아야 합니다. 지구 속을 조사하는 가장 정확한 방법은 직접 들어가 보는 것입니다. 하지만 현실적으로 가능하지 않은 일이지요. 그래서 지진파를 이용해서 지구 내부를 조사한답니다.

물체가 진동하면 파동이 생깁니다. 지진도 진동이므로 파동이 만들어지는데, 이것이 지진파입니다.

지진파는 표면파(surface wave)와 실체파(body wave)로 구분합니다. 표면파는 지표를 따라서 이동하는 파이고, 실체파는 지구 내부를 통과하는 파입니다.

표면파는 L파(long wave)라고도 합니다. L파는 지진파 중에서 가장 느리지만(초속 3km) 진폭은 가장 커서 파괴력이 제일 세답니다. 고체와 액체, 그리고 기체를 모두 통과하지요.

실체파에는 P파(primary wave)와 S파(secondary wave)가 있습니다. L파와는 달리, P파와 S파는 지구 내부에서 나오기 때문에 지진을 분석하고, 지구 내부를 탐구하는 데 없어서는 안 되는 지진파입니다. 이들의 특성은 다음과 같습니다.

P파	S파
초속 8km	초속 4km
고체, 액체, 기체를 모두 통과	고체만 통과
위아래로 진동	옆으로 진동
진폭은 크지 않아서 피해가 적음	진폭이 상당해서 피해가 큼

지진파는 빠르기의 순서대로 P, S, L파로 검출됩니다. P파가 도착한 후에 S파가 도착하기까지 걸린 시간을 초기 미동 시간(PS시)이라고 합니다. 이것은 진원까지의 거리를 알아내는 데 유용하게 사용된답니다.

지진은 발생한 깊이에 따라서 천발 지진과 심발 지진으로 나뉩니다. 진원의 깊이가 100km 이내면 천발 지진, 100km

이상이면 심발 지진이라고 부릅니다. 진원은 지진이 일어난 최초 지점이지요. 그리고 이 진원을 수직으로 곧게 뻗어 올린 지표면의 지점이 진앙입니다.

지구의 내부 구조

지진파를 사용해서 지구 내부를 들여다보면, 지진파가 크게 꺾이는 3곳이 있습니다. 첫 번째 부분은 모호로비치치 불연속면 또는 모호면이라고 하는 곳입니다. 이곳은 바다에서는 약 5~6km, 육지에서는 약 30~70km 남짓한 깊이에 위치해 있습니다. 또 지하 약 2,900km 부근에는 구텐베르

크 면이, 지하 약 5,100km 부근에는 레만 면이 있습니다.

　모호면의 위는 지각, 아래는 맨틀, 그리고 레만 면의 위는 외핵, 아래는 내핵으로 구분합니다. 외핵은 액체 상태이고, 순수한 철보다 밀도가 낮은 것으로 보아 가벼운 원소들과 화합물을 이루고 있는 것으로 추정됩니다. 내핵은 고체 상태이고, 밀도가 큰 철과 니켈로 이루어진 것으로 생각됩니다.

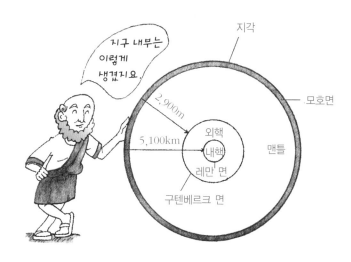

지진의 원인

　포르투갈의 리스본에서 일어난 대지진이 의미가 있는 것은,

그 규모도 규모이지만 지진 연구의 불을 당긴 데 있습니다.

지진 연구의 초기 과학자들은 지진 발생을 화산 분출과 연관시켜서 조사했습니다. 지진 발생의 최우선 원동력으로 지구 내부의 뜨거운 열기, 즉 부글부글 끓어오르는 마그마를 선택한 것이었습니다. 일례로, 당시의 대표적인 지질학자였던 영국의 미첼(J.Michell, 1724~1793)은 이렇게 주장했습니다.

"지진 발생 지역과 화산 지대가 연관성을 띠는 건 화산 폭발이 지진 발생과 무관하지 않다는 걸 입증해 주는 증거입니다. 지열을 받아서 팽창된 압력이 암석을 파괴하고 땅덩이를 휘게 하는 거지요."

이렇게 시작된 지진 탐사는 연구가 진행될수록 그 내용이 알차졌고, 하나가 아닌 여러 요인이 복합적으로 어우러져서 지진이 발생한다는 걸 알게 되었습니다. 지진이 발생하는 대표적인 원인은 이러합니다.

(1) 지각 변동으로 땅이 압축되거나 당겨지면 적잖은 에너지가 쌓이는데, 그것이 지층을 박차고 나오는 경우
(2) 지층이 갈라져서 움직이는 경우
(3) 지하에 마그마가 생기는 경우
(4) 화산이 폭발하는 경우

지진을 일으키는 요인은 이처럼 다양하답니다. 그러나 20세기에 들어와서 지진학자들은 지진 발생의 좀더 근본적인 원인을 찾아내었습니다. 그 내용은 다음 수업에서 자세하게 알아보겠습니다.

만화로 본문 읽기

선생님, 지진의 원인을 알려면 지구 내부 구조를 알아야 하는데 지구 속에 들어가 볼 수도 없고, 어떻게 조사하나요?

지구 내부 구조를 조사하기 위해서는 지진파를 사용하지요.

지진파의 원리는 무엇이죠?

지진은 진동이라 파동이 만들어지는데, 이것이 지진파예요. 지진파는 지표를 따라서 이동하는 표면파와 지구 내부를 통과하는 실체파가 있답니다.

실체파

표면파

표면파는 L파라고도 해요. L파는 지진파 중에서 가장 느리지만 진폭은 가장 커서 파괴력이 제일 세지요. 고체와 액체, 그리고 기체를 모두 통과해요.

실체파에는 어떤 것이 있나요?

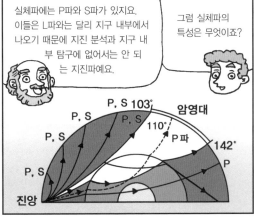

실체파에는 P파와 S파가 있지요. 이들은 L파와는 달리 지구 내부에서 나오기 때문에 지진 분석과 지구 내부 탐구에 없어서는 안 되는 지진파예요.

그럼 실체파의 특성은 무엇이죠?

P, S 103°   암영대
P, S
P, S   110°
P, S   P파   142°
P, S   P
진앙

실체파의 특성은 다음과 같아요. P파가 도착한 후에 S파가 도착하기까지 걸린 시간을 초기 미동 시간(PS시)이라고 하는데, 이것은 진원까지의 거리를 알아내는 데 유용하게 사용되지요.

P파	S파
초속 8km	초속 4km
고체, 액체, 기체를 모두 통과	고체만 통과
위아래로 진동	옆으로 진동
진폭은 크지 않아서 피해가 적음	진폭이 상당해서 피해가 큼

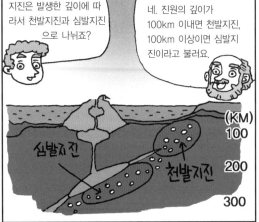

지진은 발생한 깊이에 따라서 천발지진과 심발지진으로 나뉘죠?

네. 진원의 깊이가 100km 이내면 천발지진, 100km 이상이면 심발지진이라고 불러요.

심발지진

천발지진

(KM)
100
200
300

판 구조론과 지진

대륙이 이동했다는 증거는 무엇일까요?
판게아와 판 구조론이란 무엇일까요?
대륙 이동설에 대해서 자세하게 알아봅시다.

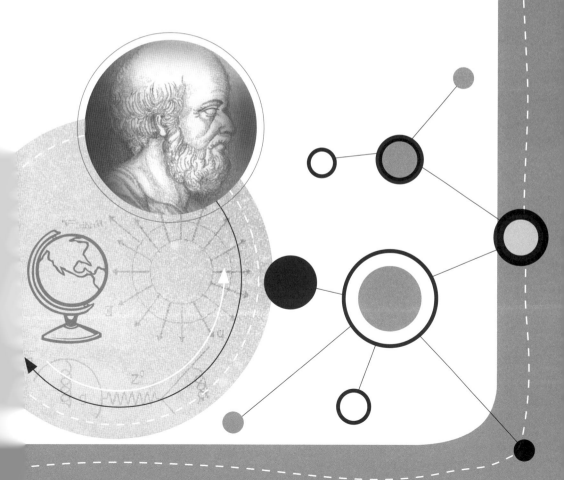

여덟 번째 수업

판 구조론과 지진

에라토스테네스는
대륙이 이동했다는 증거를 찾자며
여덟 번째 수업을 시작했다.

대륙 이동설이 탄생하기까지

　기원전 540년경, 고대 그리스의 자연 철학자 크세노파네스 (Xenophanes, B.C.570~B.C.480)는 이렇게 주장했습니다.

　"조개와 산맥이란 어울릴 수가 없지요. 그런데 높은 산맥에서 조개껍데기가 발견되곤 합니다. 이것은 먼 옛날에는 그 산맥이 물속에 잠겨 있었다고 해석할 수밖에 없는 현상입니다. 후에 산맥이 바다 위로 상승한 거지요."

　크세노파네스는 대륙이 수직으로 이동 가능하다는 것을 언

급한 최초의 학자입니다.

그러면 대륙이 수평으로 이동 가능하다는 걸 처음으로 밝힌 사람은 누구일까요?

대서양의 해안선 구조가 상세히 밝혀질 무렵, 영국의 베이컨(Francis Bacon, 1561~1626)은 이렇게 주장했습니다.

"아프리카와 남아메리카의 대서양 쪽 해안선을 관찰해 보면, 상당히 유사하다는 걸 발견할 수가 있습니다. S자형의 닮은꼴을 취하고 있는 겁니다. 이것을 우리는 아프리카와 남아메리카는 한 대륙이었다고 해석해야 합니다. 즉, 어떤 원인에 의해서 갈라져 나온 거지요."

베이컨의 이러한 주장을 뒷받침하기 위해선 증거가 필요했습니다. 그러나 그는 특별한 근거를 제시하지 못했습니다.

그러다가 20세기 초에 이르러 독일의 과학자인 베게너(Alfred Wegener, 1880~1930)가 여기에 뛰어들었습니다. 베게너는 자신의 약혼녀에게 보낸 편지에서 이러한 내용을 적어 보냈다고 합니다.

"사랑하는 그대여, 세계 지도를 꺼내어 남아메리카의 동해안과 아프리카의 서해안을 한번 비교해 보오. 두 대륙의 해안선이 딱 일치하는 것 같지 않소? 예전에는 하나였던 것처럼 말이오. 나는 이쪽으로 연구를 해 나갈 생각이오."

베게너는 자신의 생각을 입증해 보이기 위해 그린란드 탐험에 자주 참가했고 뛰어난 성과를 거두었습니다. 그러나

1930년, 대장으로 탐험대를 이끌고 조사하던 도중 그린란드의 빙원에서 안타깝게도 행방불명되고 말았습니다.

대륙 이동의 증거

베게너는 대륙이 이동했다는 여러 증거를 발표했습니다.

첫 번째, 세계 지도를 보면 아프리카의 서해안과 남아메리카의 동해안이 그럴듯하게 일치합니다.

두 번째, 유럽과 북아메리카에 분포하는 여러 지질 구조의 연결이 매끄럽습니다. 예를 들어, 유럽의 바리스칸 산맥과 칼레도니아 산맥은 북아메리카의 애팔래치아 산맥과 부드럽게 이어집니다.

세 번째, 이동이 어려운 동물과 식물 화석이 바다를 사이에 둔 양 대륙에 고르게 퍼져 있습니다. 예를 들어, 식물 화석인 '글로소프테리스'는 남아프리카, 남아메리카, 인도, 오스트레일리아와 남극 대륙에서 폭넓게 발견됩니다.

네 번째, 남아메리카, 남아프리카, 인도, 오스트레일리아는 온대나 아열대 지역입니다. 이 지역에선 빙하 퇴적층이 생성될 수가 없지요. 그런데 빙하 퇴적층이 드넓게 퍼져 있

글로소프테리스란
식물 화석은
남아프리카, 남아메리카,
인도, 오스트레일리아와
남극 대륙에서 폭넓게
발견됩니다.

는 겁니다. 이들이 한곳에 모여 있다가 떨어져 나온 거라고
밖에는 달리 해석할 길이 없지요. 빙하에 긁힌 자국은 대륙
이 이동했다는 또 하나의 명백한 증거입니다.

판 구조론의 등장

베게너는 대륙 이동의 증거를 제시하면서, 현재는 7개의
대륙으로 나누어져 있는 지구의 땅덩어리가 예전에는 하나
의 커다란 대륙으로 뭉쳐 있었다고 주장했습니다. 베게너는
이 대륙을 판게아(Pangaea)라고 불렀습니다. Pan은 '범(汎)',
gaea는 '대지'라는 뜻으로, Pangaea는 '초대륙'이라는 의미
가 됩니다.

베게너가 말한 판게아(pangaea)는 초대륙이라는 의미입니다.

　하지만 베게너의 대륙 이동설은 큰 지지를 얻지 못했습니다. 어떤 힘이 판게아를 분리해 내었는지를 명백히 밝히지 못했기 때문입니다. 이렇게 베게너의 대륙 이동은 사람들의 기억 속에서 잊혀졌습니다. 그러나 20세기 중반, 판 구조론(plate tectonics)이라는 혁명적인 이론이 등장하면서 다시 화려한 부활을 했습니다. 판 구조론은 다음과 같은 주장입니다.

　지표는 두께가 약 100km인 7개의 대형판(태평양판, 북아메리카판, 남아메리카판, 유라시아판, 아프리카판, 인도-오스트레일리아판, 남극판)과 몇 개의 소형판(필리핀판, 코코스판)으로 이어져 있다. 그리고 이들 판은 매년 수 cm의 속도로 움직이고 있다. 이것이 대륙이 이동할 수밖에 없는 이유이다.

지표는
태평양판,
북아메리카판, 남아메리카판
유라니아판,
아프리카판,
인도—오스트레일리아판,
남극판,
그리고 몇 개의 소형판으로
이루어져 있습니다!!

판 구조론은 베게너가 설명하지 못한 의문에 대해서도 이렇게 답을 내리고 있습니다.

맨틀에서 일어나는 대류 현상이 지구의 판을 움직이는 원동력이다. 이 에너지는 지구 내부의 방사성 물질이 붕괴하면서 내는 열과 관련이 있다.

이것을 맨틀 대류설이라고 합니다. 맨틀 대류설은 지질 연대 측정의 선구자인 영국의 홈스(Arthur Holmes, 1890~1965)가 제창했습니다.

맨틀 대류가 상승해서 판이 갈라지는 곳이 해령이고, 판이 다른 판 밑으로 내려가는 곳이 해구입니다. 해령은 바다 밑으로 연결돼 있으며, 해구는 특히 태평양 연안에 많이 포진해 있습니다.

과학자의 비밀노트

해령

대양 중앙부에 주위의 해양 분지보다 높이가 2,500~3,000m 솟아오른 대규모의 해저 산맥으로 태평양, 대서양, 인도양 및 북극해까지 연결되어 있다. 중앙 해령의 정상부에는 깊이가 약 1,000m에 이르는 V자의 열곡이 있다.

해구

대륙 사면과 심해저의 경계를 따라 형성된 수심 6,000 ~11,000m인 V자형의 깊은 골짜기로 해양에서 가장 깊은 곳이며 대양의 중심이 아닌 대륙 주변에 위치하며 주변에서 지진과 화산이 많이 발생한다.

여러 개의 판은 동시에 움직이는 것이 아니라, 떨어진 판들이 제각각의 속도로 이동한답니다.

여기서 사고 실험을 하겠습니다.

손과 손을 비비면 열이 나요.

마찰열이 생기는 거예요.

지구의 판과 판이 움직이며 맞닿아도 같은 현상이 일어나요.

마찰열이 생기는 거예요.

하지만 그 양은 비교가 되지 않아요.

무지막지한 마찰열이 발생하는 거예요.

생각해 보세요.

하나의 판에는 한반도와 같은 나라가 수십, 수백 개가 얹혀 있어요.

그런 거대한 판이 서로 부딪치니 얼마나 많은 열이 발생하겠어요.

이러한 열에너지가 쌓였다가 폭발하면 어떻게 되겠어요.

그래요, 땅이 흔들리고 비틀어지고 꺼질 거예요.

이것이 지진이에요.

이렇듯 판 구조론은 지진의 원인을 깔끔하게 설명해 줍니다. 판 구조론은 지구 물리학이 일궈낸 20세기 최대의 성과 중 하나입니다.

베게너는 대륙이 예전에는 하나로 뭉쳐 있다가 서서히 이동했다고 생각했어요. 이러한 것은 고생대 말까지 계속 이어졌는데, 이 대륙을 '판게아'라고 불렀지요.

판게아란 초대륙이라는 뜻이지.

판게아란 초대륙이야.

판게아

그럼 어떤 힘이 판게아를 분리해 내어 지금과 같은 모습이 되었나요?

처음엔 그것을 설명하지 못해 사람들의 지지를 얻지 못하다가, 20세기 중반 판 구조론이 등장하면서 베게너의 대륙 이동설은 화려한 부활을 하지요.

판 구조론은 어떤 내용인가요?

대륙은 6개의 대형판과 몇 개의 소형판으로 이어져 있는데, 이들 판은 매년 조금씩 움직이고 있어서 대륙이 이동할 수밖에 없다는 것이지요.

태평양판
북아메리카판
남아메리카판
유라시아판
아프리카판
인도-오스트레일리아판
남극판

판 구조론은 맨틀에서 일어나는 대류 현상이 판을 움직이는 원동력이며, 이 에너지는 지구 내부의 열과 관련이 있다고 설명하지요. 이것을 '맨틀 대류설'이라고 해요.

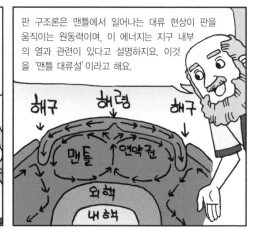

해구 해령 해구

맨틀 연약권

외핵

내핵

맨틀 대류가 상승해서 판이 갈라지는 곳이 해령이고, 판이 다른 판 밑으로 내려가는 곳이 해구지요. 해령은 바다 밑으로 연결돼 있으며, 해구는 태평양 연안에 특히 많습니다.

해령 해구

판 구조론은 정말로 지진의 원인을 깔끔하게 설명해 주는군요.

판 구조론은 지구 물리학이 일궈낸 20세기 최대의 성과 중 하나랍니다.

"20세기 최대 성과 중 하나"

판게아

지구와 환경 오염

중금속에 토양과 대기, 수질이 오염되면 어떻게 될까요?
또 핵 물질에 오염되면 어떤 일이 벌어질까요?
여러 가지 환경 오염에 대해 알아봅시다.

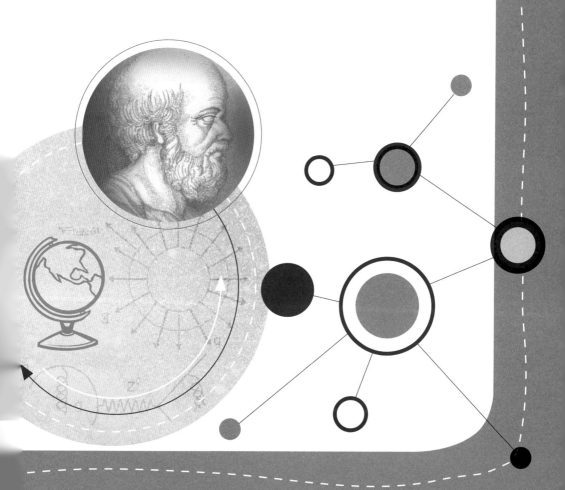

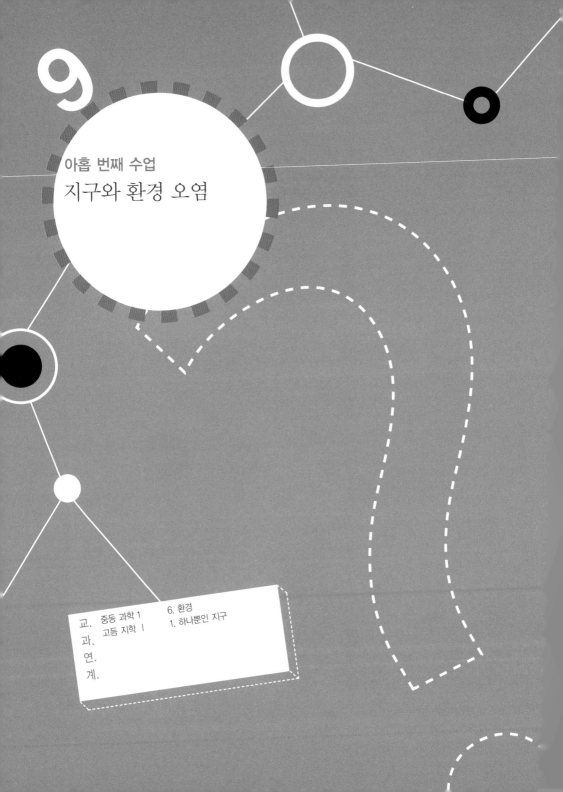

9

아홉 번째 수업

지구와 환경 오염

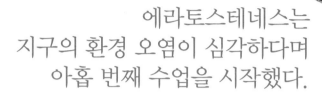

에라토스테네스는
지구의 환경 오염이 심각하다며
아홉 번째 수업을 시작했다.

수질 오염

공업화가 이루어지면서 인류 문명은 고속 성장을 이루었으나, 그로 인해 환경 오염이라는 값비싼 대가를 톡톡히 치르고 있습니다.

환경 오염은 수질과 토양, 그리고 대기 오염으로 크게 나눌수가 있는데요. 수질 오염부터 알아보겠습니다.

강은 자정 능력을 지니고 있습니다. 그래서 오염 물질을 분해하고, 생태계 평형을 유지해 나가지요. 그러나 이것도

자정 능력의 한계를 넘어서기 전까지만 가능한 일입니다. 오염이 심각해져서 강 자체의 자정 능력으로는 해결이 불가능할 정도로 물이 탁해지면 수질은 점점 악화되어 이내 악취를 풍기는 강으로 변해 버리지요.

수질 오염을 가늠하는 지표로는 생물학적 산소 요구량(BOD)과 화학적 산소 요구량(COD)을 가장 널리 사용합니다. 생물학적 산소 요구량은 수중 세균이 오염 물질을 분해하는 데 필요한 산소의 양으로, 생물학적 산소 요구량이 높으면 오염이 심한 겁니다.

화학적 산소 요구량은 과망간산칼륨이나 중크롬산칼륨으로 오염 물질을 분해하는 데 드는 산소의 양으로, 화학적 산

소 요구량이 높으면 오염이 심한 겁니다.

오염의 정도를 측정할 때, 일반적인 하천은 생물학적 산소 요구량을 사용하고, 폐수가 심한 물은 화학적 산소 요구량을 사용합니다.

폐수에는 더러 중금속이 섞여 있곤 하는데, 이 물을 물고기가 마시고, 그 물고기를 사람이 먹게 되면 사람 몸속에 중금속이 쌓이게 되지요. 중금속은 한 번 쌓이면 쉽게 분해되질 않고 오랫동안 남아서 인체에 해를 입힌답니다. 이것을 생물 농축이라고 한답니다.

── 그렇군요.

토양 오염

　강에 자정 능력이 있듯 토양에도 자정 능력이 있습니다. 그러나 토양도 농약이나 중금속이 계속 쌓이면 오염될 수밖에 없지요. 수은과 카드뮴은 토양을 오염시키는 대표적인 물질입니다.

　수은이 몸속에 농축되면 전신 마비, 보행 불능, 청력 감퇴 등의 증세가 나타납니다. 수은 중독으로 인한 대표적인 사건이 일본에서 있었습니다.

　미나마타 시의 합성 수지 제조 회사가 수은을 하천에 조금씩 방류했고, 이것이 바다로 흘러들어서 플랑크톤에 흡수되었습니다. 그것을 물고기가 먹었고, 그 어류를 인근 주민이

잡아먹었습니다. 그랬더니 상당수가 이상 증상을 보였습니다. 신경이 마비되고, 피부 감각이 둔화되고, 청력과 시력, 기억력이 감퇴하고, 언어와 보행에 장애가 생긴 것이었습니다.

원인은 수은 중독이었습니다. 확인된 중독자 가운데 사망자는 60여 명, 불구자는 230여 명이었고, 중독 증상이 나타나지 않은 여자에게서 태어난 아이 가운데 20여 명이 선천성 미나마타병에 걸렸습니다.

과학자의 비밀노트

대기 오염 사건

대기 오염에 대한 경각심을 갖게 된 결정적인 사건은 1930년 벨기에의 뫼즈 계곡 사건, 1948년 미국의 도노라 사건, 1952년 영국의 런던 스모그 사건이다.

1930년 벨기에 뫼즈 계곡의 대규모 공업지대에서 배출된 가스가 지면에 오래도록 머무르게 되면서 대기 중 이산화황 농도가 높아졌으며, 이 때문에 심장병과 급성 폐렴으로 사망하는 사람과 수많은 호흡기 질환자가 발생하였다. 또한 주위의 수목과 가축, 조류에도 그 피해가 막심하였다.

1948년 미국의 펜실베이니아 주 도노라 공단 지역에서는 스모그가 대량 발생하여 주민의 50%가 기침, 호흡 곤란, 두통, 구토 등의 증세가 나타냈다.

1952년 영국 런던에서 일어난 사건은 석탄 연소에 따른 아황산가스 배출로 인하여 스모그가 발생하여 시민의 약 1만 2천여 명이 만성 폐질환과 호흡 장애로 사망한 사건이다.

카드뮴은 요통과 다리 및 관절에 통증을 유발하고, 심하면 보행 불능과 골절 같은 증상을 야기합니다. 카드뮴이 원인인 대표적인 질병으로는 이타이이타이병이 있습니다. 이타이이타이는 '아프다아프다'라는 뜻입니다.

일본 도야마 현에서 있었던 일입니다. 그 현의 아연 광업소에서 배출한 폐광석에는 카드뮴이 포함돼 있었습니다. 이것이 하류에 심은 벼에 서서히 축적되어 이 쌀을 먹은 주민 중에서 160여 명의 사상자가 나왔습니다.

핵 오염 1

핵 오염은 다른 오염과는 성격이 사뭇 다릅니다. 흔하게 발생하진 않아도, 한 번 터지면 상당한 피해를 몰고 오지요.

핵 오염이 발생할 가능성은 크게 2가지로 나누어서 생각할 수 있습니다. 하나는 핵 발전소에서 방사능이 누출되는 경우이고, 다른 하나는 원자 폭탄이 폭발하는 경우입니다.

원자 폭탄이 터져서 해를 입은 대표적인 사례는 미국이 제2차 세계 대전을 종식시키기 위해서 일본에 원자 폭탄을 투하한 경우입니다.

핵 오염은 핵 발전소에서 방나능이 누출되는 경우와 원자 폭탄이 폭발하는 경우가 있지요.

　1945년 8월 6일 오전 8시경, 히로시마의 기온은 26.6℃, 습도는 80%였습니다. 히로시마 시내는 걷거나 자전거를 타고 출근하는 사람들로 붐볐습니다. 수천 명의 군인이 열을 맞추어 시가지를 행진하고 있었으며, 백화점 앞에 정차한 전차는 초만원이었습니다.

　8시 15분경, 원자 폭탄을 탑재한 미국의 폭격기 B-29가 나타났습니다. 그러나 히로시마 시민들은 크게 동요하지 않았습니다. 원자 폭탄이 뭔지도 모르는 상태인 데다가, 그 폭격기가 원자 폭탄을 싣고 있는지도 몰랐고, 더구나 폭격기가 사라져서 공습 경보가 곧 해제될 거라고 생각했기 때문이지요.

　대부분의 시민들은 평소와 다름없이 바쁜 발걸음을 내디뎠고, 일부 시민만이 하늘을 올려다보았습니다. 갑자기 은백색 섬광이 번쩍했습니다. 빛이 어찌나 밝았던지, 푸른 나뭇잎이 일순간 마른 나뭇잎으로 변해 버린 것 같았습니다.

이들보다 더 가까운 곳에 있던 사람들은 당연히 더욱 강력한 섬광을 마주했습니다. "저기 B-29가 나타났다"라는 말에 그들은 고개를 들어서 하늘을 바라보았고, 거대한 섬광을 느꼈습니다. 그 순간 그들 모두는 눈이 멈과 동시에 의식의 혼돈 상태에 빠졌습니다.

이들보다 더 가까운 곳에 있던 사람들도 물론 있었습니다. 그러나 그들을 찾아서 그 순간이 어땠는지 들을 수는 없었습니다. 그들은 한 사람도 남김없이 화염에 타 죽었기 때문입니다.

원자 폭탄이 폭발하자, 섬광뿐만 아니라 굉장한 열도 동반

되었습니다. 열은 전신주를 새까만 숯덩이로 만들어 버릴 만큼 강력했습니다. 그러니 사람이 이러한 열을 받으면 어찌되겠습니까? 온전한 모습을 유지하기가 어려울 겁니다. 인체의 내장은 부글부글 끓어올랐고, 피부는 시커먼 숯이 되어 버렸습니다.

백화점 앞의 전차는 뼈대만 앙상하게 남았습니다. 그 안에 있던 승객은 앉거나 서 있던 자세 그대로 타 죽었습니다. 등신불이 따로 없었습니다. 상공을 날던 새들은 비행하던 몸짓 그대로 타 버렸습니다. 모기나 파리 같은 곤충은 씨가 말라 버렸습니다. 즉, 폭발 중심 1km 안의 히로시마는 모든 생명체가 사라져 버린 죽은 도시로 변해 버린 겁니다.

폭발 중심 1km 너머의 사정은 어떠했을까요?

하늘을 올려다본 사람은 망막이 다 타 버려서 치료가 불가능했습니다. 거리는 도와 달라는 아우성으로 가득했습니다. 그들은 앞, 뒤가 어디인지 분간하기조차 어려웠습니다. 얼굴과 몸, 다리와 등, 엉덩이 등 살이란 살은 모두 벗겨져서 흘러 내리듯 출렁이고 있었고, 검은 머리칼은 한 올도 남지 않고 다 타버렸기 때문입니다.

그들은 모두 몽유병 환자처럼 허우적거리며 비틀거렸습니다. 아스팔트는 끓고 있었지요.

　건물 속에 있던 사람들은 그나마 나은 편이었습니다. 열 피해를 상대적으로 적게 받은 것이었습니다. 그러나 그들에게는 폭풍이나 다름없는 거센 바람이 있었습니다. 그것이 그들을 집어삼켜 버렸습니다. 초속 1km가 넘는 폭풍이 건물을 일순간 날려 버린 것이었습니다. 다리와 둑도 오간 데 없이 사라졌지요.

　얼굴이 퉁퉁 부어오른 어린애가 종이처럼 벗겨진 피부를 달고 울부짖으며 엄마를 찾고 있었습니다. 눈알이 튀어나온 남자가 아내와 자식의 이름을 부르고 있었습니다. 한 사내는 양쪽 눈 모두에 나무가 박힌 모습으로 이리저리 뛰고 있었습니다. 살갗이 모두 벗겨진 노인이 기도문을 외우며 거리를 이리저리 방황하고 있었습니다. 턱 언저리가 떨어져 나간 여인이 도와 달라며 외치고 있었습니다. 발목이 잘려 나간 사내는 무릎으로 기고 있었습니다. 전신이 피범벅이 된 사람이 외마디 소리를 내지르며 강으로 뛰어들었습니다. 응급 의료원은 화상 환자로 북적대었습니다.

당시 다섯 살이었던 소녀는 그때를 이렇게 기억했습니다.

"히로시마를 송두리째 삼켜 버린 원자 폭탄을 생각하면 몸서리가 쳐집니다. 우리 가족은 살려고 마구 달리고 있었습니다. 퉁퉁 부어오른 군인 시체가 강물에 떠내려가고 있었습니다. 조금 더 달려가니 한 여인이 쓰러진 큰 나무에 다리가 끼어서 꼼짝을 못하고 있었습니다. 여인은 살려 달라고 애원했습니다. 그러나 모두 자기 살길을 찾느라 외면했습니다. 그때 제 아버지가 어딘가에서 녹슨 톱을 구해 와서 그녀의 다리를 잘라 구해 주었습니다."

당시 초등학교 4학년이었던 학생은 이렇게 회상했습니다.

"어머니는 적십자 병원의 침대에 누워서 꼼짝할 수가 없었습니다. 머리카락은 다 빠졌고, 가슴은 점점 곪아 들어갔습니다. 등 뒤에 난 5cm 크기의 구멍에는 구더기들이 바글거려 지독한 냄새가 났습니다. 병원에는 우리 어머니와 같은 사람들로 즐비했습니다. 어머니는 하루가 다르게 기력을 잃어 갔습니다. 이튿날 할머니와 저는 죽을 끓여 갔습니다. 그러나 어머니는 그걸 마실 힘조차 없었습니다. 어머니가 숨을 헐떡였습니다. 그러고는 이내 숨을 거두었습니다. 병원은 사체를 화장하는 냄새로 가득 차 있었습니다. 그러나 난 눈물조차 나오지 않았습니다."

당시 초등학교 5학년이었던 남학생은 이렇게 말했습니다.

"나는 반쯤 부서진 저수조에 엎드려서 물을 마시고 있는 사람들을 보았습니다. 그러나 본능적으로 비명을 내지르며 뒤로 물러나지 않을 수가 없었습니다. 저수조 수면에 반사되어 보인 상은 인간이 아니었던 겁니다. 갈기갈기 찢겨진 피부와 퉁퉁 부을 대로 부은 안면, 그것은 피투성이의 괴물 형상 그 자체였습니다. 머리카락은 다 타 버려서 한 올도 남아 있지 않았습니다. 더구나 그들은 남자가 아니었습니다. 타다 남은 블라우스가 그들이 여학생이란 걸 알려 주었습니다."

원자 폭탄 하나로 초토화되어 버린 히로시마, 사망자는 근 20만 명에 이르렀고, 부상자는 일일이 셀 수도 없었습니다. 그 당시의 히로시마는 "세상이 완전히 끝나 버렸구나." 하는 말을 여실히 보여 주었습니다.

한국에선 아직까지 핵 발전소의 방사능 누출이나 원자 폭탄 폭발과 같은 핵 오염 사례는 없었습니다. 그러나 앞으로도 핵 오염 사례가 없을 것이라고 그 누구도 감히 장담할 수는 없습니다.

1997년 초, 한국과 타이완 사이에 껄끄러운 일이 발발했습니다. 타이완이 핵폐기물을 매립하기 위해 북한과 계약을 체결하려고 한 것이었습니다. 이에 대해 한국 정부는 핵폐기물을 북한에 매립하려는 타이완의 시도를 강력히 저지시켰습

니다. 미국, 중국과 협력하여 대만에 국제적인 압력을 가하기까지 하였지요.

"인구 밀집 지대인 한반도는 핵폐기물을 매립하기에는 부적당한 장소이다. 더구나 핵폐기물을 바다로 운반하는 중에 해양 오염 사고가 발생할 우려가 있다."

여기서 뜻하는 해양 오염 사고란 어떤 걸까요? 한국의 해양 연구소는 슈퍼컴퓨터를 이용해서 타이완의 핵폐기물을 실은 선박이 서해 해상을 거슬러 가다가 침몰하는 상황을 다음과 같이 분석했습니다.

핵폐기물을 실은 대만 선박이 북한의 남포항을 향해 은밀히 북진 중입니다. 인천 항을 출발한 한국의 컨테이너선이 서해를 빠져나가기 위해 선수를 돌렸습니다.

풍랑이 몰아치고 안개가 자욱한 가운데 두 선박은 안면도 해상에서 충돌했고, 침몰했습니다. 핵폐기물이 바다 밑으로 가라앉으면서 상당량의 방사능이 유출되었습니다.

3개월 후, 한반도 해역은 방사능으로 오염되었습니다. 다시 2개월 후, 중국과 일본 해역까지 핵 오염이 확산돼 동북아 바다는 죽음의 바다로 전락했습니다.

이뿐만이 아닙니다. 방사능을 포함하고 있는 바닷물이 증발한 후

비가 되어 한국과 일본, 중국 전역에 내렸습니다. 그 비를 맞은 사람 중 상당수가 유전적 질환을 갖은 아이를 출산할 것입니다.

이런 소름 끼치는 재앙은 수백 년 동안 이어질 것입니다.

한국의 해양 연구소는 핵 오염의 확산 경로를 3가지로 가상 분석하며 좀 더 구체적으로 살펴보았습니다.

핵 오염 확산 경로 1

제주도 남서쪽 약 193km 해상에서 충돌 사고가 발생했습니다. 핵 오염 물질은 1개월 후, 난류를 타고 북상하여 서해와 일본 열도 쪽으로 이동합니다. 3개월 후, 서해 중부 해상

과 남해안, 일본 서부 해상까지 핵 오염 물질이 퍼지고, 5개월 후 중국 서쪽 해역과 한반도 동해안, 일본 서해안까지 피해를 입게 됩니다.

핵 오염 확산 경로 2

서해 안면도 서쪽 약 193km 해상에서 충돌 사고가 발생했습니다. 1개월 후에는 오염 물질이 남쪽에 다다르기 시작하고, 2개월 후에는 남해안 전역으로 확산됩니다. 3개월 후에는 동해안까지 퍼지고, 5개월 후에는 중국과 일본 해역으로까지 퍼지게 됩니다.

핵 오염 확산 경로 3

북한 남포항에 진입하다가 다른 선박과 충돌하거나 암초에 좌초돼 오염 물질이 유출됩니다. 2개월 후, 핵 오염 물질이 남한 쪽으로 유입되기 시작하여 3개월 후에는 서해가 피해를 입고, 5개월 후에는 중국과 일본 해역까지 퍼지게 됩니다.

이 예상 결과들은, 충돌 사고 발생 후 3개월이면 한반도 인근의 모든 바다가 오염되고, 5개월 후면 중국과 일본 해역까지 직접적인 영향권에 든다는 걸 알려 주고 있습니다.

핵 관련 물질을 운반하다가 일어나는 사고는 언제든지 발

생할 수 있습니다. 핵 발전소의 방사능 누출이나 원자 폭탄의 폭발에 비해 그 확률이 상당히 높다는 것이지요. 미국이 핵탄두를 운반하다가 유실하거나 배가 파손된 사고는 1950년 이래 10여 건이 넘고, 일본과 영국, 프랑스가 핵 물질을 운반하다가 사고를 당한 경우도 여러 건이 있답니다. 그래서 세계 각국은 핵 물질을 실은 선박이 자국 영해로 들어오는 것을 극히 꺼린답니다.

이 강은 오염이 심각해서 물이 탁하고 악취가 들끓는 강으로 변해 버렸어요.

강은 자정 능력이 있어서 오염 물질을 분해하고, 생태계 평형을 유지해 나가요. 그러나 이것도 자정 능력의 한계를 넘어서기 전까지만 가능한 일이죠.

오염이 심각해져서 강 자체의 자정 능력으로는 해결 불가능할 정도로 물이 탁해지면 악취가 들끓는 강으로 변해 버리지요.

수질 오염을 가늠할 수 있는 지표는 어떤 건가요?

더 이상 정화할 수가 없어!

생물학적 산소 요구량(BOD)과 화학적 산소 요구량(COD)을 가장 많이 사용하지요. BOD가 높으면 오염이 심한 겁니다.

한마디로 물에 산소가 필요한 것이군요.

BOD ↑
오염 ↑

그리고 COD는 과망간산칼륨이나 중크롬산칼륨으로 오염 물질을 분해하는 데 드는 산소의 양으로, 이것이 높으면 오염이 심한 것입니다.

그렇군요.

COD ↑
오염 ↑

오염 정도를 측정할 때, 일반적인 하천은 BOD를 사용하고, 폐수가 심한 물은 COD를 사용하지요.

폐수에는 더러 중금속이 섞여 있는데, 그 물을 마신 물고기를 사람이 먹으면 어떻게 되나요?

BOD 사용   **COD 사용**

사람 몸속에 중금속이 쌓이게 되지요. 중금속은 한 번 쌓이면 쉽게 분해되지 않고 오랫동안 남아서 인체에 해를 입히는데, 이것을 '생물 농축'이라고 하지요.

생태계가 자정 능력을 잃지 않도록 잘 지켜야겠어요.

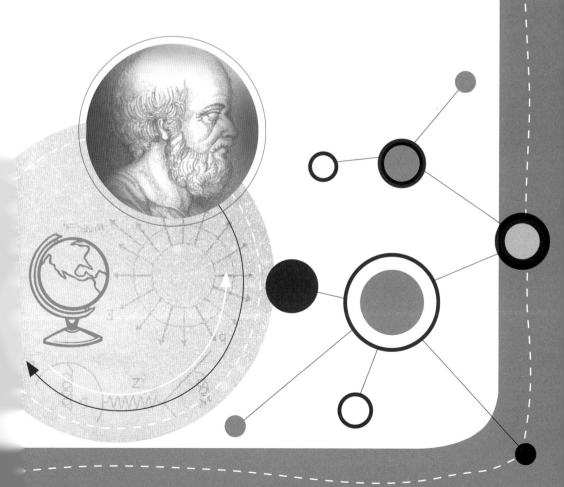

지구와 생태계

지구 생태계는 어떻게 이루어져 있을까요?
우리는 왜 자연을 보호해야 할까요?
생태계와 인간의 관계에 대해 알아봅시다.

10

마지막 수업

지구와 생태계

에라토스테네스는 인간과 생태계를
걱정하며 마지막 수업을 시작했다.

들쥐 천국이 될 것인가?

태평양 남단의 무인도, 생명체라곤 쥐새끼 1마리 보이지
않는 땅이었습니다. 그러나 마실 물은 넉넉했고, 대지는 온
통 푸르른 녹색 식물로 가득했습니다. 생명체가 번식하는 데
는 하등의 어려움이 없는 환경이었지요.

화물선이 그곳에 정박해서 한나절을 머물렀습니다. 그 사
이에 지하 화물칸에 숨어 있던 들쥐 암수 1쌍이 배를 뛰쳐나
왔습니다.

그들은 유달리 번식력이 강했습니다. 들쥐는 푸른 풀밭을 누리며 마음껏 번식을 하였습니다. 그렇게 태어난 들쥐는 곧바로 자손을 퍼뜨렸고, 그 자식은 다시 자손을 생산해냈고, 그 자손은 또다시……. 처음에는 들쥐 1쌍에서 시작한 자손 퍼뜨리기는 이렇게 대를 잇고 대를 이어 갔습니다. 무인도는 오래지 않아서 들쥐가 바글거리는 세상으로 돌변해 버렸습니다.

이론상으로는 들쥐가 무한정 늘어날 수 있습니다. 그러나 현실적으로는 불가능합니다. 무인도는 무한히 넓지 않기 때문입니다. 들쥐가 살 공간은 유한한데, 수만 무한히 늘어날 수는 없으니까요.

또 다른 요인은 먹이에 있습니다. 공간이 유한하니 들쥐가 섭취할 먹을거리는 한정될 수밖에 없지요. 들쥐는 많고 먹이는 유한하니 먹이를 놓고서 치열한 공방전을 펼칠 것입니다. 먹이 하나라도 더 챙기기 위한 치열한 싸움이 전개되고, 결국 무인도 곳곳에는 들쥐 사체가 즐비할 것입니다.

생태학과 생태계

무인도와 들쥐의 성장에 대한 글에서도 엿볼 수 있듯이, 생물과 환경은 서로 긴밀히 영향을 주고받는 사이입니다. 이러한 관계를 연구하는 학문이 생태학입니다.

인류는 지구에 첫발을 내딛은 순간부터 생태계의 지배를 받으면서 살아왔습니다. 인간과 지구 생태계는 떼려야 뗄 수 없는 관계이지요.

　지구 생태계는 크게 생물계와 비생물계로 이루어져 있습니다. 생물계는 생산자와 소비자, 분해자(미생물)로 구분하고, 비생물계는 물리적 환경(빛, 열, 바람, 압력, 전기, 소리 등)과 화학적 환경(탄소, 수소, 산소, 질소, 인, 물 등)으로 나누지요.

　생태계는 층층 구조를 갖습니다. 생태계의 최하위에 해당하는 단위는 개체입니다. 개체란 개와 닭, 벼룩, 철쭉, 소나무 등과 같은 하나하나의 생명체를 말합니다. 생태학에서 개체는 그다지 중요하지 않습니다. 생태계 전반에 미치는 영향이 미미하기 때문이지요.

개체 위의 단위는 개체군이라고 합니다. 개체군이란 무리 지어 있는 개체라고 생각하면 됩니다. 서울 월드컵 경기장에 모인 관중, 몸속의 백혈구, 아파트 단지에 핀 무궁화 등이 개체군이지요.

개체군 위에 존재하는 생태계의 단위는 군집입니다. 군집이란 여러 개체군이 모인 것이라고 보면 됩니다. 한 가족이 거실에서 텔레비전을 보고 있다고 해 봐요. 그러면 거실에 모든 존재가 군집이 되는 겁니다. 그러니까 거실 내에 수십 종류의 기생물, 애완동물이 있다면 부슬부슬한 털 속에 숨어

있을 벼룩, 공기 중에 포함돼 있는 갖가지 세균, 인체 내에 있는 각종 바이러스 등이 군집이 되는 것입니다.

군집 위에 있는 것이 생태계입니다. 생태계는 비생물적인 요소까지 포함하는 단계이지요. 비생물적인 요소란, 생물체가 생명을 유지해 나가는 데 없어서는 안 되는 것들, 예를 들어서 물, 산소, 이산화탄소 등과 같은 것이랍니다.

먹이 사슬

생물 군집에는 생산하고 그걸 소비하고 분해하는 것들이 있습니다. 즉, 생산자와 소비자와 분해자가 있는 겁니다.

생산자는 광합성으로 살아가는 생물을 말합니다. 녹색 식물, 광합성 세균 같은 것이지요.

소비자는 생산자가 합성한 것을 먹고 살아가지요. 소비자는 1차 소비자, 2차 소비자, 3차 소비자로 구분합니다. 1차 소비자는 초식 동물, 2차 소비자는 소형 육식 동물, 3차 소비자는 대형 육식 동물을 말하지요. 다시 말해, 풀을 뜯어 먹는 메뚜기는 1차 소비자, 메뚜기를 잡아먹는 개구리는 2차 소비자, 개구리를 냉큼 삼키는 뱀은 3차 소비자가 되지요.

메뚜기는 1차 소비자, 개구리는 2차 소비자, 뱀은 3차 소비자가 되지요.

　분해자는 생산자나 소비자의 사체와 배설물을 분해하면서 살아가는 미생물을 가리킵니다.

　생산자, 소비자, 분해자는 서로 맞물리며 회전하는 톱니바퀴처럼 먹고 먹히는 사슬의 관계를 자연스레 이어 갑니다. 녹색 식물은 초식 동물에게, 초식 동물은 육식 동물에게 잡아먹히고, 이들은 미생물에 의해 분해되지요. 이러한 관계를 먹이 사슬이라고 합니다. 먹이 사슬은 광합성을 하는 녹색 식물에서부터 출발합니다.

먹이 피라미드

먹고 먹히는 소비자와 생산자의 관계는 생산자에서 고차 소비자로 올라갈수록 그 수가 감소합니다. 이러한 모양은 피라미드를 닮았다고 해서 이것을 먹이 피라미드라고 합니다.

__ 먹이 피라미드는 왜 아래가 넓고 위가 좁은가요?

좋은 질문입니다. 그것은 에너지가 답을 말해 줍니다. 상추 한 잎이 있다고 해 봐요. 인체는 이걸 완전히 흡수해서 소화하지는 못합니다. 이건 비단 상추에만 해당되는 얘기는 아닙니다. 사과를 씨까지 다 먹어도, 비빔밥을 밥알 하나 남김 없이 깨끗이 먹어도, 몸속에서 완전히 분해하지 못하기는 마찬가지입니다.

인체가 상추 한 잎을 에너지로 전환할 수 있는 비율은 기껏해야 10% 남짓입니다. 나머지는 그냥 배출하지요. 상추가 지니고 있는 에너지의 90%를 내버리는 것이나 마찬가지입니다. 그러니 그 부족한 양을 새로운 상추로 보충해야 할 겁니다.

상추를 완벽하게 소화해서 전부 에너지로 전환할 수 있으면 적은 양을 섭취하는 것으로도 충분할 텐데, 그렇지 못하니 부족한 에너지를 채우기 위해서 상추를 많이 섭취해야 하는 겁니다. 그러자면 상추가 많아야 합니다. 즉, 사람보다 녹색 식물이 많아야 합니다.

이러한 관계가 사람과 상추 사이에만 존재하는 건 아닙니다. 생산자와 1차 소비자, 1차 소비자와 2차 소비자, 2차 소

이건 하나를 전부 에너지로 전환시킬 수 있다면 굳이 많이 먹을 필요가 없을 텐데…

90% 나버렸다고?!!

비자와 3차 소비자 사이에도 똑같이 적용되지요. 이것이 먹이 피라미드의 모양이 위쪽으로 올라갈수록, 즉 생산자에서 고차 소비자로 올라갈수록 좁아지는 이유입니다.

생태계 보존

생태계를 구성하는 존재들이 큰 변화 없이 삶을 이어 가면 자연 생태계는 먹이 연쇄, 물질 순환, 에너지의 흐름이 자연스럽게 이루어집니다.

그러나 자연 재해와 무분별한 파괴 행위가 이어지면, 생태계는 본래의 기능을 잃어버리고 황폐해지기 시작합니다. 이른바 생태계의 파괴 현상이 진행되는 것입니다.

현재 우리의 자연은 적지 않게 훼손돼 있습니다. 이곳저곳에서 생태계의 파괴 신호가 나오고 있는 것입니다. 스모그, 산성비, 물과 공기의 오염, 쓰레기의 범람은 그러한 신호의 일부분에 불과할 따름이지요.

자연은 이제 허리가 휠 만큼 휘어져서 더는 무분별한 행동을 용납하지 못할 지경에까지 이르렀습니다. 더 이상의 자연 훼손은 생태계를 회복 불가능하도록 만들 것입니다. 이기적인 욕심만 앞세워서 분별없이 행한 자연 훼손은 그 혹독한 대가를 우리에게 안겨 줍니다.

1972년 6월, 스웨덴의 스톡홀름에서는 국제 연합(UN) 주최의 국제적인 환경 회의가 열렸습니다. 회의 참석자들은 '하나밖에 없는 지구'라는 슬로건 아래 '인간 환경 선언문'을 채택했습니다.

이제는 환경을 생각해야 합니다. 우리 모두 한 가지씩이라도 자연 보호 운동을 해야 할 것입니다. 쓰레기나 오물을 아무 데나 버리지 않고, 쓰레기를 분리 배출하는 것도 그중 하나가 되겠지요.

우리 다 함께 생태계가 공존하며 아름다운 삶을 이어 갈 수 있는 멋진 세상을 일궈 나가도록 해요.

만화로 본문 읽기

선생님, 생태계를 살펴보면 메뚜기는 풀을 뜯어먹고, 개구리는 메뚜기를 잡아먹고, 뱀은 개구리를 잡아먹네요.

네. 생태계에는 생산자, 소비자, 분해자가 있지요.

생산자는 광합성으로 살아가는 생물을 말해요. 소비자는 생산자가 합성한 것을 먹고 살며 1차 소비자, 2차 소비자, 3차 소비자로 구분하지요.

생산자 → 1차 소비자 2차 소비자 3차 소비자

그러면 1차 소비자는 메뚜기, 2차 소비자 개구리, 개구리를 냠큼 삼키는 뱀은 3차 소비자가 되겠군요.

그렇지요. 그리고 분해자는 생산자나 소비자의 사체와 배설물을 분해하면서 살아가는 미생물을 가리켜요.

1차 소비자 2차 소비자 3차 소비자

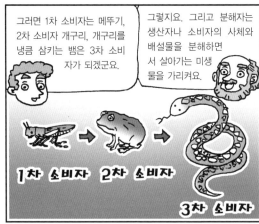

생산자, 소비자, 분해자는 서로 맞물리며 회전하는 톱니바퀴처럼, 먹고 먹히는 관계를 이어 가지요. 이러한 관계를 먹이 사슬이라고 해요.

생산자 소비자 분해자

먹이 사슬은 광합성을 하는 녹색 식물에서부터 출발하는군요.

먹고 먹히는 소비자와 생산자의 관계는 생산자에서 고차 소비자로 올라갈수록 그 수가 감소하지요. 이러한 모양은 피라미드를 닮았다고 해서 '먹이 피라미드'라고 하지요.

그런데 왜 먹이 피라미드는 아래가 넓고 위가 좁은 건가요?

동물이 먹은 음식이 전부 에너지로 전환되는 게 아니기 때문이지요. 그러면 생산자가 가장 많아야 해요. 이러한 관계가 생산자와 1차, 2차, 3차 소비자 사이에서도 똑같이 적용되지요.

우리가 가장 많이 필요해.

지구의 둘레를 계산한
에라토스테네스 Eratosthenes, B.C.276~B.C.194

고대 그리스의 물리학자, 수학자, 천문학자였던 에라토스테네스는 무척 다재다능하여 프톨레마이오스 3세가 그를 무세이온의 관장으로 초빙할 정도였답니다. 무세이온은 알렉산드리아에 있는 왕실 부속 연구소로 도서관과 박물관을 겸한 곳이었습니다. 알렉산드리아는 당시 문화적으로 가장 번성한 곳이었지요. 그러니까 에라토스테네스는 당시 최고 학술 기관의 우두머리였던 셈입니다.

에라토스테네스의 최고 업적은 지구 둘레를 계산한 것입니다. 그는 한 남자를 고용해서 시에네(지금의 아스완)에서 알렉산드리아까지의 거리를 재도록 했습니다. 그러고는 시에네와 알렉산드리아에 세운 막대기의 그림자를 이용해서 두 지방의 각도 차이를 알아낸 다음, 지구의 둘레를 계산해 내었지요. 그 결과 약 4만 5,000km(정확한 거리는 약 4만 km)라는 근삿값을 얻었답니다. 지구가 둥글다는 것조차 믿으려 한 사람들이 많지 않았던 시대에 지구의 둘레를, 그것도 간단한 원리로 구해 냈다는 사실은 에라토스테네스의 비범함이 얼마나 대단한지를 보여 주는 것이라 할 수 있지요.

또 에라토스테네스는 소수를 발견하는 방법을 알아내었습니다. 이것을 '에라토스테네스의 체'라고 하지요.

그는 지리학에도 조예가 깊어서 대지(大地)를 7개로 나눈 지도를 작성하기도 하였답니다. 저서 《지리학》(3권)에는 지리학사, 수리 지리학 및 각국 지지(地誌)와 지도 작성의 자료가 포함되어 있습니다. 지리상의 위치를 위도, 경도로 표시한 것도 그가 처음이라고 알려져 있습니다.

또 별의 목록을 포함한 논문도 썼으며, 사학이나 언어학 등에 관한 저술도 남겼습니다.

언제, 무슨 일이?

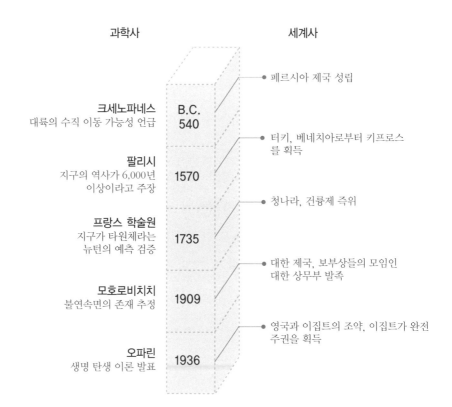

과학사		세계사
		● 페르시아 제국 성립
크세노파네스 대륙의 수직 이동 가능성 언급	B.C. 540	
		● 터키, 베네치아로부터 키프로스를 획득
팔리시 지구의 역사가 6,000년 이상이라고 주장	1570	
		● 청나라, 건륭제 즉위
프랑스 학술원 지구가 타원체라는 뉴턴의 예측 검증	1735	
		● 대한 제국, 보부상들의 모임인 대한 상무부 발족
모호로비치치 불연속면의 존재 추정	1909	
		● 영국과 이집트의 조약, 이집트가 완전 주권을 획득
오파린 생명 탄생 이론 발표	1936	

1. 지구 초창기에는 ☐☐ 대기가 지구 대기를 차지하였습니다.

2. 지구에 최초의 암석이 생긴 때부터 현재까지를 ☐☐ 시대라고 합니다.

3. 인류는 원인→직립 원인→구인→ ☐☐→현대인으로 진화하였습니다.

4. ☐☐☐ 는 방사성 원소가 절반으로 붕괴하는 데 걸리는 시간입니다.

5. 태양을 기준으로 1년을 12달로 나눈 달력을 ☐☐☐ 이라 하며, 윤년은 4년마다 ☐☐ 를 1번씩 더해 주는 것입니다.

6. 지구는 적도 쪽이 다소 부푼 타원형인데, 이런 모양을 ☐☐ ☐☐ ☐ 라고 합니다.

7. 뉴턴은 지구 자전으로 생긴 ☐☐☐ 이 지구 타원체를 낳은 요인이라고 합니다.

8. 태양 광선은 눈으로 볼 수 있는 ☐☐☐☐, 붉은색 바깥의 적외선, 보라색 너머의 자외선 등으로 이루어집니다.

1. 원시 2. 지질 3. 신인 4. 반감기 5. 태양력, 하루 6. 지구 타원체 7. 원심력 8. 가시광선

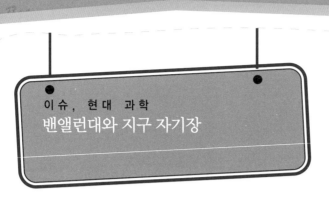

지구에는 자기장이 있습니다. 이것을 지구가 만든 자기장이라고 해서 지구 자기장이라고 부르지요.

우리가 바다 한복판에서 길을 잃지 않고 방향을 찾을 수 있는 것은 나침반의 도움 때문이지만, 나침반의 도움을 받을 수 있는 것은 지구 자기장이 존재하기 때문입니다. 지구 자기장이 없으면 나침반은 무용지물이나 다름없으니까요.

지구 자기장이 우리에게 주는 고마움은 이뿐만이 아닙니다. 우주 공간에는 방사선 입자들이 무수히 떠다니고 있습니다. 이들 대부분은 전하를 띠고 있습니다. 쉽게 말해서, 양(+)과 음(−)의 전기를 지니고 있는 셈이지요. 이것을 우주에 있는 방사성 입자라는 의미로 우주선(cosmic ray)이라고 부릅니다.

방사선은 인체에 적지 않은 해를 줍니다. 방사선을 많이 쬐면 악성 종양이 생기거나 심하면 사망하지요. 원자 폭탄이 무섭고, 원자력 발전소의 건설을 환경 단체에서 극구 반대하는 이유가 그 때문이지요.

이런 방사성 입자들이 우주에 무수하니 우주 공간에선 우주선을 맞지 않도록 각별히 조심해야 한답니다. 그래서 우주인들이 우주 공간에서 작업할 때, 우주선으로부터 인체를 보호하기 위해 우주복을 입는 거랍니다.

이런 위험천만한 우주선이 지구로 마구 쏟아져 들어오면 어떻게 될까요? 지구에 있는 생명체는 우주선을 맞고 살아남기가 어려울 겁니다. 지구는 달이나 화성처럼 생명체가 살지 않는 세계가 되고 마는 겁니다.

그러나 천만다행히도 지구를 둘러싸고 있는 지구 자기장이 우주선의 지구 출입을 막아 주고 있습니다. 우주선이 지구 자기장에 걸려 지구로 들어오지 못하고 지구 상공에 머문답니다. 이것을 밴앨런대라고 하지요. 밴앨런대는 1958년 1월에 발사한 미국의 인공위성 익스플로러 1호가 발견했습니다.